R. Simon

# CHEMIE

# DIALEKTIK

# THEORIEN-ENTWICKLUNG

Akademie-Verlag · Berlin

SIMON

# CHEMIE – DIALEKTIK – THEORIEENTWICKLUNG

# CHEMIE – DIALEKTIK – THEORIEENTWICKLUNG

Eine Untersuchung
zu philosophischen Fragen der Chemie
im Zusammenhang mit der Entwicklung der Theorie
über Säuren und Basen

von
DR. RÜDIGER SIMON
Berlin

AKADEMIE-VERLAG · BERLIN
1980

Erschienen im Akademie-Verlag, DDR-108 Berlin, Leipziger Straße 3–4
Lektor: Fritz Schulz
Broschurumschlag: Hartwich Hoeftmann

Lizenznummer: 202 · 100/480/80
Gesamtherstellung: VEB Druckhaus „Maxim Gorki", 74 Altenburg
Bestellnummer: 7624160 (6552) · LSV 1204, 0154
Printed in GDR
DDR 14,– M

# Inhalt

## Vorwort

Diese Veröffentlichung wendet sich ausgewählten Aspekten aus der Entwicklung der chemischen Wissenschaft zu.

Wissenschaftsentwicklung enthält zugleich philosophische Probleme. Diese nicht nur im Sinne einer historischen Retrospektive hervorzuheben, sondern auch in ihrer Relevanz für die gegenwärtige Forschung zu artikulieren, ist das Hauptanliegen dieser Arbeit.

Das übergreifende Moment der hierzu angestellten Analyse sind Fragen, die unmittelbar mit dem Prozeß der Widerspiegelung objektiver Dialektik im historischen Werdegang der Säure-Base-Theorie eine Rolle spielten. Das bedeutet jedoch nicht, daß es hier ausschließlich um spezifisch philosophische Fragestellungen im Zusammenhang mit der Entwicklung einer chemischen Theorie geht. Die hier angesprochenen Probleme, wie die der chemischen Substanzbezeichnungen, die Bildung von Substanz- und Prozeßklassen, die Beziehungen zwischen chemischer Struktur und Prozeß dringen in fast allen Arbeitsgebieten der Chemie immer wieder zu einem erneuten Durchdenken. Gleiches gilt für die damit zusammenhängenden erkenntnistheoretischen Fragen. Das Verhältnis von Empirie und Theorie in der chemischen Forschung besitzt heute, wo die Quantenphysik in zunehmendem Maße für die Erklärung und Deduktion chemischer Reaktivität herangezogen wird, eine außerordentliche Affinität zu philosophischen Erörterungen.

Der bisherige Entwicklungsverlauf einer Theorie, der sich in Gestalt sehr unterschiedlicher Aussagenkomplexe abzeichnet, impliziert zur Stellungnahme über die Adäquatheit „überholter" und gegenwärtig gebräuchlicher Theorien und wirft zugleich Fragen über zukünftige Entwicklungstendenzen auf. Auf solche, direkt die Fachwissenschaft angehende Fragen, wie nach der Struktur zukünftiger Theorien wird die Philosophie keine kurzschlüssige Antwort geben können. — Überhaupt entzündet sich bei der Diskussion philosophischer Probleme einer Wissenschaft häufig die Polemik um die Bedeutung solcher Erörterungen. Deshalb wurde der systematischen Darstellung dieser Arbeit eine kurze Einführung zum Verhältnis von Naturwissenschaft und Philosophie vorangeschickt.

Der im 2. Kapitel dargestellte Abriß aus der Geschichte der Säure-Base-Theorie erhebt nicht den Anspruch auf historische Vollständigkeit, sondern dient vielmehr dazu, einige inhärente philosophische Fragen der Chemie hervorzuheben. Aus der Kenntnis, wie sich die Widerspiegelung einer Sache als Prozeß abspielte, ergeben sich oft Denkanstöße für die Lösung zukünftiger Aufgaben; häufig auf ganz anderen Gebieten. So gesehen, besitzt das hier gewählte Thema „Säuren und Basen" einen exemplifikatorischen Charakter. Moderne Auffassungen zu Säuren und Basen wurden in ihren wichtigsten Aussagen und damit verknüpften Problemen vorgestellt, jedoch wird der Leser, der in die Chemie dieses Gebietes tiefer eindringen möchte, auf entsprechende einzelwissenschaftliche Arbeiten zurückgreifen müssen.

Erkenntnistheoretische Probleme einer Wissenschaft besitzen stets eine weltanschauliche Komponente. Diese herauszuarbeiten und die Auseinandersetzung mit einigen nichtmarxistischen Auffassungen zu führen, ist ein weiteres Anliegen dieses Bandes. Es geht ferner darum zu zeigen, daß Wissenschaftsentwicklung kein autonomer Prozeß ist, der nur von einer „inneren Logik" beherrscht wird. Deshalb wurden im letzten Kapitel einige wesentliche Determinanten der wissenschaftlichen Theorienentwicklung angesprochen.

Die wichtigsten Ideen für diese Arbeit entstanden während einer Aspirantur im Bereich „Philosophische Probleme der Wissenschaften" der Sektion *Marxistisch-Leninistische Philosophie* der Humboldt-Universität zu Berlin unter der Leitung von *Prof. Hermann Ley.* Der hier mögliche fruchtbare Gedankenaustausch zu dem von mir bearbeiteten Thema konnte im Bereich „Philosophische Fragen der Wissenschaftsentwicklung" unter der Leitung von *Prof. Hörz* im Zentralinstitut für Philosophie der AdW der DDR weitergeführt werden.

Allen Mitarbeitern dieser Bereiche, die sich durch helfende Kritik am Fortgang der Untersuchungen beteiligten, möchte ich hiermit meinen Dank abstatten. Dank gebührt Herrn *Prof. Bittrich,* Technische Hochschule „Carl Schorlemmer", Merseburg, sowie anderen Mitarbeitern dieser Einrichtung, an deren Gesprächen über philosophische Fragen der Wissenschaft Chemie ich häufig teilhaben konnte.

Berlin, Frühjahr 1979 Rüdiger Simon

# 1. Zum Verhältnis von Philosophie und Naturwissenschaften

Die heute geläufige Unterteilung der Wissenschaften ist ein Ergebnis menschlicher Tätigkeit in einem langwierigen historischen Prozeß. In der ersten Etappe der Entwicklung der Wissenschaften, die in der Antike einen vorläufigen Höhepunkt erreichte, vereinte die Philosophie wesentliche Einzelerkenntnisse über die Natur und Gesellschaft; Keimformen relativ eigenständiger Wissenschaften (z. B. Astronomie, Physik) wurden schon sichtbar. Abgesehen von der Mathematik, die schon in der Sklavenhaltergesellschaft einen hohen Grad an Selbständigkeit erreichte, lösten sich jedoch erst Anfang des 16. Jahrhunderts einzelne Wissensgebiete von der Philosophie; nach und nach profilierten sich Einzelwissenschaften mit eigenem Gegenstand, Methodengefüge und Theoriengebäude.

Philosophisch-mystisches Ideengut des Mittelalters beeinflußte in starkem Maße Ziele, Methoden und Theorienentwicklung im Prozeß der Auseinandersetzung des Menschen mit seiner natürlichen Umwelt. Erst in der Renaissance setzte eine Bewegung ein, in deren Verlauf die Bevormundung der naturwissenschaftlichen Tätigkeit durch philosophische Fesseln, die vor allem in Form religiöser Dogmen existieren, weitgehend zurückgedrängt wurde. Dieser progressive Vorgang, begünstigt und getragen durch das sich immer stärker entfaltende Bürgertum, mündete teilweise in eine völlige Verneinung von Beziehungen zwischen Naturwissenschaft und Philosophie. Solange bestimmte philosophische Lehren einen Hemmschuh für die naturwissenschaftliche Forschung darstellten und über Bord geworfen wurden, stellt ihre Negation ein fortschrittliches Element dar. Die Ablehnung der durch die naturwissenschaftliche Entwicklung überholten philosophischen Auffassungen führte häufig zum Bruch mit jeglichem philosophischen Denken bei den Naturwissenschaftlern. Den daraus resultierenden Trugschluß geißelte F. Engels: „Die Naturforscher glauben sich von der Philosophie zu befreien, indem sie sie ignorieren oder über sie schimpfen. Da sie aber ohne Denken nicht vorankommen und zum Denken Denkbestimmungen nötig haben, diese Kategorien aber unbesehn aus dem von den Resten längst vergangener Philosophien ... nehmen, so stehn sie nicht minder in der Knechtschaft der Philosophie, meist aber der schlechtesten, und die, die am meisten auf die Philosophie schimpfen, sind Sklaven grade der schlechtesten vulgarisierten Reste der schlechtesten Philosophien“ [1].

Philosophie rechtfertigt und sichert — neben anderen Funktionen — Grundvoraussetzungen und Grundbegriffe, von denen die Einzelwissenschaften ausgehen. Ohne eine solche Grundlage ist Naturwissenschaft unmöglich. — Jeder Naturwissenschaftler bezieht Positionen (ob er sich dessen bewußt ist oder nicht) zu solchen Fragen, wie zum Verhältnis von Materie und Bewußtsein, zur Erkennbarkeit der Welt, zu prinzipiellen Wegen des Erkennens, zu den Zielen seiner Arbeit, zur Bedeutung seiner wissenschaftlichen Arbeit für die Gesellschaft [2]. Diese durch die Philosophie vermittelten weltanschaulichen Positionen werden ergänzt durch Fragen, die den Erkenntnisprozeß im einzelnen betreffen, wie beispielsweise Kausalitäts- und Gesetzesauffassungen, Fragen der Relationen von Empirie und Theorie, Struktur und Funktionen von Hypothesen, Modellen und Theorien im Erkenntnisprozeß, und andere mehr.

Philosophie darf nicht auf „Schau“ oder alleinige Interpretation von Sachverhalten reduziert werden, sondern muß, wenn sie fruchtbar werden soll, Grundlage menschlichen Handelns im Dienste des Fortschritts sein.

Philosophische Lehren beeinflussen die naturwissenschaftliche Forschung, gleichzeitig verändern Erkenntnisse der Naturwissenschaften philosophische Auffassungen. Hingewiesen sei in diesem Zusammenhang hier nur auf die Bedeutung des philosophischen Atomismus der Antike für die spätere naturwissenschaftliche Atomlehre. Dieser Prozeß verlief jedoch nicht gradlinig, sondern der endgültige Sieg des atomistischen Denkens in der Chemie wurde gegen mancherlei subjektiv-idealistische Ansichten, die die objektive Existenz der Atome verneinten, gegen Einflüsse des Agnostizismus, der die Möglichkeiten der Erkenntnis in diesem Bereich leugnete, weil Atome nicht direkt der Beobachtung zugänglich waren, erkämpft. Der Erfolg der atomistischen Lehre in der Chemie veränderte nicht nur die Wissensentwicklung auf diesem Gebiet, sondern auch die Haltung der Chemiker zu philosophischen Fragen, insbesondere zu solchen erkenntnistheoretischer Art.

Die Konstatierung des Wechselverhältnisses von Philosophie und Naturwissenschaft bedarf neben der in diesem Rahmen nur erfolgten Andeutung [3] eines wesentlichen Hinweises: Nur eine solche Philosophie kann in vollem Umfang für die Wissenschaft fruchtbar werden, die das Attribut *wissenschaftlich* trägt. Das bedeutet, daß sie vorbehaltlos gesicherte Erkenntnisse anderer Wissenschaften in verallgemeinerter Form zum Aufbau und Erweiterung der eigenen Lehre nutzt und sich dem Kriterium der Praxis stellt. Nur die marxistisch-leninistische Philosophie stellt sich diesem Kriterium der Wahrheit. F. Engels demonstrierte solches Vorgehen in hervorragender Weise im „*Anti-Dühring*“ und in der „*Dialektik der Natur*“.

Marxistische Philosophie steht weder *über* anderen Wissenschaften, noch will und kann sie einzelwissenschaftliche Forschung ersetzen. Ihr Gegenstand sind die *allgemeinen* Bewegungs-, Entwicklungs- und Strukturgesetze der Natur, der Gesellschaft und des Denkens. Marxistische Philosophie ist materialistisch, weil sie von der Abbildbarkeit einer außerhalb und unabhängig vom Bewußtsein existierenden Außenwelt ausgeht. Anknüpfend an den rationellen Kern der klassischen bürgerlichen Philosophie wurde u. a. die HEGELsche Dialektik ihrer mystischen Hülle beraubt und mit der materialistischen Position vereinigt.

Philosophische Fragen einer Wissenschaft dialektisch-materialistisch zu untersuchen, bedeutet — in komprimierter Form ausgedrückt — erstens, naturwissenschaftliche Erkenntnisse, die zu neuen Denkweisen führten, zu interpretieren; zweitens, eine Analyse von Grundbegriffen der Wissenschaften in ihrer logisch-historischen Entwicklung vorzunehmen; drittens, den Erkenntnisprozeß näher zu untersuchen; viertens, Wechselbeziehungen von wissenschaftlicher Erkenntnis und Gesellschaft herauszustellen [4].

Einige Seiten der hier aufgeführten Aspekte sollen in den folgenden Kapiteln am Beispiel der Entwicklung der theoretischen Reflexionen über Säuren und Basen näher untersucht werden. Dabei geht es erstens darum, die Dialektik objektiven Naturgeschehens sowie den dialektischen Charakter des Erkenntnisprozesses hervorzuheben, und zweitens, die Bedeutung dialektischen Denkens als allgemeine Methode in ihrer Spezifizierung innerhalb eines engeren naturwissenschaftlichen Gebietes zu demonstrieren.

# 2. Begriff und Wirklichkeit — die historisch-logische Entwicklung der Begriffe „Säure“ und „Base“

## *2.1. Der Säure- und Basebegriff in den Anfängen der Chemie*

Ein Zugang zu philosophisch-chemischen Fragestellungen bietet die historische Analyse von Begriffen und Theorien. In diesem Kapitel werden philosophische Aspekte der Begriffsentwicklung von „Säuren“ und „Basen“ in Einheit mit den damit entworfenen theoretischen Systemen in ihrem historisch-logischen Werdegang untersucht. Einige weitere der in diesem Zusammenhang auftretenden Fragen sind Gegenstand der folgenden Kapitel.

Historisch steht mit einiger Sicherheit fest, daß die Essigsäure (Äthansäure), im Altertum „acidum“ oder „aceo“ genannt, die Substanz ist, deren Bezeichnung zum Ausgangspunkt einer späteren Begriffsbildung wurde [5]. Die Erzeugung und Entdeckung der Essigsäure ist vermutlich mit der schon frühzeitig kultivierten Gärungstechnik verbunden.

Der Festlegung des Namens „acidum“ mußte eine gedankliche Operation, der Vergleich, vorausgehen. Damit wurde diese Substanz von allen bis dahin bekannten Substanzen gedanklich abgehoben. Voraussetzung des Vergleichens ist die Kenntnis trennender oder gemeinsamer Eigenschaften der zu vergleichenden Objekte.

Dieser Erkenntnisakt ist auch gegenwärtig — besonders für die Chemie — von Bedeutung. Er vollzieht sich bei der Entdeckung einer jeden neuen Substanz, gleichgültig, ob sie in der Natur bereits existierte bzw. erst synthetisiert wurde.

Ein Ergebnis des Vergleichens ist die *Bezeichnung* der einzelnen Substanzprobe. Das Auffinden weiterer Substanzen, die im Vergleich als Essigsäure identifiziert wurden, führten dazu, daß alle diese Substanzen, also eine Gruppe, unter dem *Begriff* „Essigsäure“ erfaßt wurden. Lenin spricht von den Begriffen als deren Übereinstimmung „mit der ‚Synthesis‘, der Summe, der Zusammenfassung der Empirie, der Empfindungen“ [6]. Bereits hier wird die Unhaltbarkeit subjektiv-idealistischer Positionen deutlich, danach Begriffe „vorhanden“ seien und Einzelheiten der objektiven Realität diesen zugeordnet würden. Die materialistische Auffassung geht davon aus, daß die Begriffe Widerspiegelungen der Wirklichkeit sind, die außerhalb und unabhängig von uns existiert, „Begriffe sind ... Produkt des Gehirns“ [7].

Zwischen der Essigsäure und später entdeckten Substanzen, die ebenfalls einen sauren Geschmack bzw. andere charakteristische Eigenschaften aufweisen, wurde zunächst kein Zusammenhang gesehen. Die Substanzen, die man etwa ab Ende des 16. Jahrhunderts als Säure und Basen (auf die Herausbildung des Base-Begriffs wird am Ende dieses Abschnitts eingegangen) bezeichnete, wurden vorher den Salzen zugeordnet. Namen, wie „sal natron" (sal (griech.) = Salz), „sal alcali", „sal ammoniacum" weisen bei den Basen darauf hin. Die beim Erhitzen von Salzen mit starken Säuren erhaltenen flüchtigen Substanzen wurden „spiritus" (lat., „Geist") genannt; beispielsweise spiritus salis (Geist des Salzes, Chlorwasserstoff), spiritus nitri (Geist des Salpeters, Salpetersäure), spiritus vitrioli (Geist des Vitriols, Schwefelsäure). Bis zu der Erkenntnis, daß Essigsäure und die als „Geist des Salzes" bezeichneten Substanzen, einige gemeinsame Eigenschaften haben, war ein weiter Weg. Salze und Essigsäure sind seit etwa 2000 Jahren bekannt, Säuren (Geist des Salzes) etwa 700 Jahre. Die Erkenntnis des Zusammenhangs zwischen Essigsäure und Mineralsäuren stammt von A. LIBAVIUS (1540—1616). Er bezeichnet die aus Mineralien gewinnbaren Säuren als „aceti minerali" (Mineralessig). Mit dem Begriff „Säure", der anfänglich ausschließlich die Summe aller Essigsäuren widerspiegelte, wurde nun eine Menge unterschiedlicher, jedoch in ausgewählten Eigenschaften (Merkmalen) übereinstimmender Substanzen erfaßt. Doch vollzog sich dieser Prozeß historisch nicht so gradlinig, wie das die logische Analyse zunächst vermuten läßt: Noch R. BOYLE (1627—1691) verwendete anfangs den Begriff „saures Salz" für Substanzen, die er später unter dem Begriff „Säure" zusammenfaßte. Seine noch heute geläufige Charakterisierung von Säuren, wonach diese bestimmte Pflanzenfarbstoffe röten, mit Kreide aufbrausen, Schwefelleber zersetzen, die typischen Säureeigenschaften bei der Reaktion mit Alkalien verlieren, löste endgültig den Begriff der Säure von dem des Salzes.

Grundlage des BOYLEschen Säurebegriffs ist die Erkenntnis analoger Funktionen unterschiedlicher Substanzen. Eine chemische Funktionsanalogie liegt vor, wenn verschiedene Substanzen bezüglich anderer (festgelegter) Substanzen bestimmte, gleichartige Erscheinungen hervorrufen. Nicht die Substanzen sind analog, sondern bestimmte Beziehungen zu einem oder mehreren Bezugspunkten. Auf der Grundlage dieser übereinstimmenden Eigenschaften wurden alle Substanzen, die diese aufwiesen, einer Klasse, den „Säuren", zugeordnet. Die anfänglich nur für Essigsäure verwendete Bezeichnung erfuhr so einen außerordentlichen Bedeutungswandel.

Von der sinnlichen Wahrnehmung bestimmter Erscheinungen der Wirklichkeit zur Klassenbildung vollzieht sich ein Denkprozeß, der durch mehrere Stufen charakterisiert ist. Wie bereits vermerkt, ist eine Voraussetzung für die Zuordnung einer Substanz zur Klasse „Säuren" nicht das Vorhandensein gleicher Eigenschaften wie sie die Essigsäure aufweist, sondern es sind nur einige Merkmale, hervorgehobene Eigenschaften, die sich im Reaktionsverhalten gegenüber vorher festgelegten anderen Substanzen abheben. (Lackmus, Kreide u. a.) Der Begriff der Säure widerspiegelt also nicht die Empfindungen, die von den einzelnen Objekten ausgehen, sondern gibt eine Klasse von Gegenständen wider. Mit dem Begriff der Säure geht der unmittelbare Bezug zum Einzelobjekt verloren. Es erfolgt eine Abtrennung des Allgemeinen vom Einzelnen. „In der Wissenschaft heben wir ... die allgemeinen Eigenschaften im Begriff heraus“ [8]. Das ist jedoch kein einseitig zu sehender Akt, sondern er bildet eine dialektische Einheit von analytischem und synthetischem Vorgehen. Die Ergebnisse, die Begriffe, sind Produkte menschlichen Vergleichens. Rubinstein charakterisiert treffend diesen Prozeß: „Der Vergleich beginnt damit, daß wir die Erscheinungen zueinander in Beziehung setzen oder sie einander gegenüberstellen, d. h. mit einem synthetischen Akt. Durch diesen synthetischen Akt erfolgt die Analyse der zu vergleichenden Erscheinungen, die Ermittlung ihrer Gemeinsamkeiten und Unterschiede. Das durch die Analyse ermittelte Gemeinsame vereint, d. h. synthetisiert die zu verallgemeinernden Erscheinungen. Der Vergleich ist somit eine Analyse, die mittels einer Synthese erfolgt und zur Verallgemeinerung, also zu einer neuerlichen Synthese, führt. Der Vergleich ist die konkrete Form des wechselseitigen Zusammenhangs von Analyse und Synthese, durch die wir die Erscheinungen verallgemeinern und klassifizieren. Die Bedeutung des Vergleichens ist besonders groß auf den Anfangsstufen der empirischen Erkenntnis ...“ [9].

Der Begriff der Säure ist nicht bloßes Abbild, ähnlich einer Photographie, sondern ein Produkt der Denktätigkeit. Schon daraus ergibt sich die Unhaltbarkeit positivistischer Auffassungen, Wissenschaft u. a. auf die Sammlung von Empfindungsdaten (die in Begriffen fixiert werden müssen!) reduzieren zu wollen. Die Natur kann nicht in ihrer Totalität widergespiegelt werden. Die häufig durch idealistisch-philosophische Lehrmeinungen verbreitete Vorstellung, daß Begriffe sich vollständig mit der objektiven Realität decken müssen, lehnt die marxistische Philosophie ab. Durch Begriffe, die das Allgemeine fixieren, wird das Einzelne nur unvollständig erfaßt. Es wäre jedoch falsch, daraus agnostische Schlußfolgerungen abzuleiten oder Begriffe als rein willkürliche Schöpfungen des Subjekts zu betrachten; dies tun unterschiedliche Strömungen der idealistischen Philosophie. Das Spektrum erstreckt sich von historisch frühen philosophischen Auffassungen bis in die Gegenwart.

Bei der Festlegung des Allgemeinen, das sich im Begriffsinhalt ausdrückt, muß zwangsläufig von einigen Seiten des Einzelnen abgesehen werden, wobei gleichzeitig bestimmte Momente hervorgehoben werden. Dieser Vorgang wird in der Methodologie als Abstraktion bezeichnet. Ein Ziel der Abstraktion ist es, „... daß sie das Gemeinsame hervorhebt, fixiert und uns daher die

Wiederholung erspart" [10]. Wenn nun LENIN schreibt, daß Abstraktionen „... die Natur tiefer, richtiger, vollständiger ..." widerspiegeln [11], mag das zunächst als logischer Widerspruch zum partiellen Abbildcharakter der Begriffe erscheinen. „Tiefer, richtiger und vollständiger" bezieht sich darauf, durch Abstrakta auf der Stufe des jeweiligen gesellschaftlichen Erkenntnisstandes das Wesentliche widerzuspiegeln und nicht auf dem unmittelbar sinnlichen Abbild der objektiven Realität stehen zu bleiben. Abstrakta existieren also in unserem Denken, als Produkt der „geistigen Verarbeitung" der Bilder, die aus der objektiven Realität auf uns einwirken. Das Resultat des Abstraktionsprozesses sind Begriffe, die vom Sinnlich-Konkreten entfernt sind; es gibt nicht „die Säure", sondern es existieren real nur Essigsäure, Schwefelsäure usw.

Bevor wir den weiteren historischen Verlauf verfolgen, sind noch einige Ergänzungen zur Entwicklung des Basebegriffes bis etwa in die Mitte des 17. Jahrhunderts notwendig, da die bisherige Analyse sich hauptsächlich auf den Begriff der Säure stützte; die theoretischen Verallgemeinerungen sind analog.

Wie schon angedeutet, wurden Basen anfangs ebenfalls den Salzen zugeordnet. Die reinigende und ätzende Wirkung bestimmter „Salze", die aus Pflanzenaschen gewonnen wurden, führte zum gedanklichen Herausheben dieser Stoffe im Begriff „Alkali" (al kalja (arab.) = Pflanzenasche). Ein Zusammenhang zwischen Alkali und Säuren wurde erstmals durch VAN HELMONT (1577—1644) beschrieben. Es wies darauf hin, daß das Umsetzungsprodukt je eines Vertreters dieser Substanzen zu einem „sal salsum" (neutrales Salz) führt. BOYLE und TACHENIUS (TACKE) (1640 — etwa 1700) erklärten etwas später, daß jedes Salz aus Säure und Base entstehen kann und auch darin wieder zerlegbar ist. Damit ist ein erster wichtiger Schritt zur Unterscheidung von Salzen und Alkalien getätigt, sowie Beziehungen zwischen den Substanzklassen Säure, Alkali und Salz angedeutet. Alkalien wurden durch BOYLE als Substanzen bestimmt, die ein seifenartiges Gefühl auf der Haut verursachen, die Öle und Schwefel lösen, sowie die Wirkung von Säuren aufheben.

Gegen Ende des 17. Jahrhunderts sind die Begriffe der Säure und der Base, so wie sie BOYLE fixierte, allgemein anerkannt. Die Bezeichnung „Alkali" wurde in der Folgezeit, da diese als „Basis" für die Salzbildung mit Säuren (Alkalien verflüchtigen sich nicht beim Erhitzen) angesehen wurden, meist durch „Base" ersetzt. Als Basen wurden in dieser Zeit Metalloxide und Hydroxide bezeichnet. Insbesondere in der letzten Phase der alchemistischen Epoche wurden eine größere Menge von Substanzen entdeckt und synthetisiert, die sich diesen Klassen nach den bereits entwickelten Kriterien zuordnen ließen. Allein aus dem Grunde wäre es schon falsch, die Alchemie als bloßen Irrtum abzutun, da sie eine Fülle von Einzelerkenntnissen sammelte, auch wenn das gewissermaßen nur als „Nebenprodukt" bei der Suche nach Gold, nach dem Stein des Weisen u. a. m. erfolgte.

Etwa gleichzeitig mit der Entwicklung erster, teilweise noch recht spekulativer Vorstellungen über den Verbrennungsvorgang wurde die Frage nach der *Ursache* des sauren Verhaltens der Säuren gestellt. BECHER (1635—1682) setzte für alle Säuren einen gemeinsamen Bestandteil — die Ursäure (acidum primigenium) voraus. Die Suche nach dem „sauren Prinzip" erfolgte noch spekulativ, ohne Zuhilfenahme gesicherter experimenteller Fakten. STAHL (1660—1734), der eine erste, wenn auch falsche wissenschaftliche Theorie des Verbrennungsvorgangs entwickelte, bezeichnete Säuren als Substanzen, deren Bildung an den Verlust von Phlogiston geknüpft sei.

Auch LAVOISIER (1743—1793), der mit Hilfe richtig interpretierter experimenteller Ergebnisse die Phlogistontheorie widerlegen konnte und deshalb gemeinhin als Begründer der wissenschaftlichen Chemie gilt, bleibt dem Gedanken, daß ein „Stoff" in den Säuren das „Acidificierende" hervorrufe, treu. Er bezeichnet den Sauerstoff (daher der Name) als den notwendigen Bestandteil aller Säuren. Damit wurden die bisherigen Vorstellungen ihrer zum Teil mystisch-spekulativen Hülle beraubt und auf der Grundlage experimenteller Ergebnisse eine wissenschaftliche Hypothese aufgestellt.

Die neue Qualität im Denken der Chemiker in der Periode nach BOYLE zeigt sich im Versuch der tieferen gedanklichen Verarbeitung der beobachteten Phänomene. Dadurch, daß eine *Erklärung* für das chemische Verhalten der Substanzen gesucht wird, erfolgt nicht mehr nur ein Erfassen von Substanzklassen aufgrund einfacher empirischer Erkenntnisse, sondern es werden Keime zur Entwicklung einer Theorie der Beziehungen von Struktur und Eigenschaften ersichtlich. Damit zusammenhängend ändern sich auch die Begriffsinhalte. Der völlig neue Aspekt, der hier auftritt ist der, daß als Bezugsgesamtheit nicht mehr allein funktionelle Kriterien herangezogen werden, sondern — wenn auch noch unentwickelt — solche struktureller Natur [12]. Säuren und Basen werden nicht mehr allein als solche Substanzen widergespiegelt, die gegenüber einer Reihe anderer bestimmte Wirkungen zeigen können, sondern das Wirken wird aus der Zusammensetzung abgeleitet. Es zeigt sich hier spontan materialistisches Denken; die Erklärung der Erscheinungen erfolgt aus den Substanzen selbst heraus, ohne Zuhilfenahme spekulativer „saurer Prinzipien" oder gar übernatürlicher Dinge. Das ist insofern bemerkenswert, da eine solche Denkhaltung zu dieser Zeit durchaus nicht generell üblich war.

Als Ergebnis des LAVOISIERschen Erklärungsversuches resultiert der Austausch der funktionellen Invarianzen (BOYLE) gegen ein Strukturelement (chemisches Element Sauerstoff) der Substanzsysteme. Die Subsumierung einer Substanz unter die Klasse der Säuren erfolgte nun allein nach „stofflichen“ Kriterien. Damit sind zwei Richtungen, nach denen allgemein in der Chemie Substanzen entsprechenden Klassen zugeordnet werden können, entwickelt: Funktion und Zusammensetzung. Die Struktur — und das ist in der historischen Entwicklung der Chemie durchaus kein einheitlich gebrauchter Begriff — wird erst auf späterer Stufe der Erkenntnis zur Substanzklassifikation herangezogen. Erst im Verlauf dieses Prozesses wird die mechanistische Betrachtung des Verhältnisses zwischen chemischer Zusammensetzung und Funktion nach und nach überwunden.

So war anfangs LAVOISIER noch davon überzeugt, daß beispielsweise Salzsäure (Chlorwasserstoffsäure) Sauerstoff enthielte. Erst genauere Erkenntnisse über die Zusammensetzung einzelner Substanzen offenbarte logische Widersprüche zwischen Zusammensetzung und Klassenzugehörigkeit. Es konnte die Wirkung aller sauerstofffreien Säuren nicht erklärt werden, bzw. diese zählten per Definition nicht mehr zu den Säuren.

## 2.2. *Die Widerspiegelung des Säure-Base-Prozesses*

In der hier grob umrissenen historischen Folge müßten nun die theoretischen Aussagen von BERZELIUS (1779—1848) über Säuren und Basen diskutiert werden. Die logische Entwicklung erfährt an der Stelle einen Bruch. Erst viel später, als die von BOYLE und LAVOISIER gegebenen Ausgangspunkte soweit entwickelt waren, daß ein weiteres Fortschreiten sich nicht als aussichtsreich erwies, wurden Grundprinzipien der BERZELIUSschen Vorstellungen erneut aufgegriffen. Die Theorie von BERZELIUS war insofern unmittelbare Determinante der weiteren Entwicklung, indem durch sie das Problem der mehrbasigen Säuren offensichtlich wurde, aber nicht gelöst werden konnte. Eine sich schnell durchsetzende Lösung dieses Problems erbrachte J. v. LIEBIGS (1803—1873) Definition einer Säure, nach der der Wasserstoff der Säuren durch Metalle ersetzbar ist. Trotz des scheinbar nur formalen Austausches von Wasserstoff gegen Sauerstoff als bestimmenden Bestandteil aller Säuren, besteht ein wesentlicher Unterschied zur Aussage von LAVOISIER: Letzterer vermochte nicht den strukturell-funktionellen Zusammenhang zwischen der Existenz von Sauerstoff in einer Substanz und ihren chemischen Eigenschaften zu erklären. LIEBIG erhellte diesen Zusammenhang zwanglos durch den Hinweis auf den durch Metalle *ersetzbaren* Wasserstoff. Der „saure Stoff“, den BECHER, STAHL und LAVOISIER suchten, wurde durch LIEBIG in Gestalt des gegen Metalle austauschbaren Wasserstoffs charakterisiert.

ARRHENIUS (1859—1927) griff bei seiner theoretischen Darstellung über Säuren und Basen auf die Erfahrungen der Elektrochemie zurück. Er entwickelte aus der Kenntnis, daß Säuren und Basen in wäßriger Lösung den elektrischen Strom leiten (DAVY 1807, FARADAY 1833) und dabei in Ionen zerfallen, die Theorie der elektrolytischen Dissoziation (1887). Auf dieser Grundlage kennzeichnete er Säuren als Substanzen, die in wäßriger Lösung Wasserstoffionen, und Basen als Substanzen, die Hydroxidionen abspalten. Daraus leitet sich ab: Erstens sind Säuren und Basen Stoffgruppen, die sich in Hinblick auf Teilchen, die sie in wäßriger Lösung abgeben, unterscheiden. Die saure und basische Funktion ist an Wasserstoff- und Hydroxidionen gebunden. Damit ist der Bezug zum Lösungsmittel Wasser zwingend und gleichzeitig einengend. Zweitens werden Säuren und Basen nur in ihrer Wechselwirkung mit Wasser widergespiegelt, jedoch nicht in ihrer Wechselwirkung miteinander. Die Säure-Base-Reaktion reduziert sich auf die Vereinigung von Wasserstoff- und Hydroxidionen zu undissoziiertem Wasser. Drittens können Säure-Base-Reaktionen in nichtwäßrigen Lösungen nicht erfaßt werden. Viertens kann die zu diesem Zeitpunkt bereits allgemein bekannte Erscheinung der Amphoterie nicht zwanglos erklärt werden, da Säuren und Basen als Substanzklassen von vornherein ohne Verbindung zu einem Reaktionspartner (vom Wasser abgesehen) festgelegt sind. Die einzige amphotere Substanz ist Wasser, da sie sowohl Wasserstoff- wie auch Hydroxidionen abzuspalten vermag.

Das im Jahre 1888 von OSTWALD gefundene Verdünnungsgesetz sowie die Einführung des pH-Werts durch SÖRENSEN (1909) ermöglichten das quantitative Erfassen der Wasserstoffionenkonzentrationen in wäßrigen Systemen — ein Fakt, durch den die ARRHENIUSsche Theorie eine überaus große Bedeutung vor allem für die sich in den Anfängen ihrer Entwicklung befindliche anorganische Chemieindustrie erhielt. Doch bald stimulierte die Beschränktheit dieser Theorie auf wäßrige Systeme weitere theoretische Konstruktionen auf diesem Gebiet. FRANKLIN formulierte in Analogiebildung Säuren und Basen bezogen auf andere Lösungsmittel, z. B. auf das Ammonosystem. Der formale Unterschied besteht darin, an Stelle der Vereinigung von Wasserstoff- und Hydroxidionen die Vereinigung anderer Lösungsmittelmoleküle zu setzen. BJERRUM schlug später vor, lösungsmitteleigene Kationen „Lyoniumionen“ und lösungsmitteleigene Anionen „Lyationen“ zu nennen. CADY und ELSEY nennen Säuren Substanzen, die die Konzentration der lösungsmitteleigenen Kationen (Lyoniumionen) erhöhen und Basen, die die Konzentration der lösungsmitteleigenen Anionen (Lyationen) erhöhen. Der Säure- und Basebegriff wurde damit beträchtlich erweitert und konnte in allen wasserähnlichen Systemen Anwendung finden. Jedoch treten gegenüber der Theorie von ARRHENIUS an die Stelle eines Merkmalpaares für Säuren und Basen und einem Neutralniveau bei $n$ Lösungsmitteln $n$ Neutralniveaus mit $2n$ Merkmalpaaren.

Die hier aufgeführten theoretischen Bestrebungen sind in ihrem Wesen Analogiebildungen, die als methodisches Instrument helfen sollten, einen breiteren Bereich der objektiven Realität im theoretischen Abbild zu erfassen. Alle diese Theorien besitzen die gleiche Grundstruktur: es handelt sich stets um Säure- bzw. Basebestimmungen im Zusammenhang mit einem Lösungsmittel. Aus diesem Grunde sind die bezüglich der ARRHENIUSschen Theorie erfolgten Charakterisierungen sinngemäß übertragbar. Die grundlegenden Strukturschemata dieser Theorien sind identisch.

In den bisher diskutierten theoretischen Auffassungen kam das Widersprüchliche zwischen Säuren und Basen nur darin zum Ausdruck, daß sich typische Eigenschaften der Säuren und Basen im gemeinsamen chemischen Prozeß „aufheben" (Neutralisation). Dieses historisch sehr früh gewonnene Wissen ist Bestandteil aller bis dahin entwickelten Aussagen. Es wird aber nur als eine, neben anderen Eigenschaften der Säuren bzw. Basen reflektiert, ohne damit einen tieferen Zusammenhang zwischen beiden wiederzugeben. Gravierend für eine Entwicklung, die diesem Ziel näher kommt, waren die Arbeiten von BERZELIUS.

Wie schon betont, sind diese in der Geschichte der Chemie früher anzusiedeln, als es hier, da der logische Verlauf im Vordergrund des Interesses steht — ohne ihn völlig vom historischen lösen zu wollen — geschieht. Historisches und Logisches sind nicht in allen Punkten Parallelen in der Erkenntnisentwicklung.

Die Vorstellungen von BERZELIUS stützten sich auf erste Erkenntnisse der sich gerade in den Anfängen ihrer Entwicklung befindlichen Elektrochemie. Die Vereinigung einfacher und zusammengesetzter Substanzen wurde mit dem elektrochemischen Gegensatz begründet. Bei der Vereinigung gegensätzlich geladener Teilchen kommt es zu einem mehr oder minder starken Ausgleich der Ladungen. (Teilweise Neutralisation der Ladungen.) In den neu gebildeten Verbindungen bleibt jedoch ein qualitatives Übergewicht von positiven bzw. negativen Ladungen erhalten, woraus sich die Fähigkeit der Substanzen für weitere Reaktionen ergibt. In diesem Sinne sind fast alle chemischen Reaktionen an Säuren und Basen gebunden; der Säure- und Basebegriff ist relativiert worden. Als Säuren werden nicht mehr Substanzen bezeichnet, die einen „sauren Stoff" haben oder mit bestimmten, vorher festgelegten Substanzen spezifische chemische Eigenschaften zeigen, sondern die sauren Eigenschaften ergeben sich *im* chemischen Prozeß aus der Relativität des elektrochemischen Potentials der Reaktionspartner. Außerhalb des chemischen Prozesses kann keine Bestimmung einer Substanz als Säure oder Base erfolgen, da beide als sich *wechselseitig bedingende, widersprüchliche Teile eines Ganzen,* des Säure-Base-*Prozesses* widergespiegelt werden. BERZELIUS bildete Säuren und Basen nicht mehr als Teile eines *Struktur-* sondern eines Bewegungszusammenhangs ab. Indem hier das Widersprüchliche von Säuren und Basen in ihrer Einheit betrachtet und im Wesen der Dinge selbst begründet widergespiegelt wird, zeigt sich — sicher spontan — dialektisches Denken: „... die Dinge und ihre begrifflichen Abbilder (werden) wesentlich in ihrem Zusammenhang, ihrer Verkettung, ihrer Bewegung, ihrem Entstehn und Vergehn auf(ge)faßt ..." [13]. Eine absolute Zuordnung einer Substanz zur Klasse der Säuren oder Basen ist nicht mehr möglich. Sie kann in einem Prozeß als Säure und in einem anderen als Base fungieren, bei Voraussetzung entsprechender Reaktionspartner. Die Relativierung des Säure-Base-Begriffs erfährt ihren Ausdruck im Begriff der Amphoterie. — Die Anschauungen von BERZELIUS hatten aber noch eine weitere Konsequenz: Fast alle anorganisch-chemischen Vorgänge sind danach als Säure-Base-Prozesse zu qualifizieren. Der Begriffsumfang wird damit außerordentlich erweitert.

Die BERZELIUSschen Auffassungen über Säuren und Basen bilden einen Sprung in der Entwicklung ihrer begrifflichen Widerspiegelung. Die Suche nach dem „sauren Prinzip" in den Säuren ist von der Alchemie bis zu ARRHENIUS, wenn man den Übergang vom Mystischen zur Wissenschaftlichkeit unberücksichtigt läßt, mit einer relativ stetigen Begriffsveränderung verbunden. Durch BERZELIUS wird dieser Verlauf durchbrochen und die Begriffsbildung unter völlig neuen Voraussetzungen vorgenommen. Auch Entwicklungsprozesse im Denken über die Natur schließen sowohl langsame Evolution als auch jähe Sprünge, Abbrechen der Allmählichkeit, in sich ein.

Momente, die die praktische Nutzung der BERZELIUSschen Theorie weitgehend ausschlossen, waren erstens das ungelöste Problem der mehrbasigen Säuren und zweitens die fehlende Quantifizierung. Da auf der Grundlage der ARRHENIUSschen Theorie sich beide Aspekte zunächst befriedigend lösen ließen, war man von der Richtigkeit der Grundstruktur dieser Theorie überzeugt, und es wird ihre schnelle Verbreitung und Wertschätzung verständlich. Die geschilderten Versuche der Analogiebildungen, die das Ziel hatten, der Einengung auf wäßrige Systeme zu entgehen, sowie die auf empirischem Gebiet immer deutlicher werdende, aber nur schwierig zu erklärende Erscheinung der Amphoterie, drängten auch im Zusammenhang mit erhöhten Anforderungen der sich nach 1900 verstärkt entwickelnden Chemieindustrie zu neuen theoretischen Lösungen.

Die von J. N. BRÖNSTED und T. M. LOWRY im Jahre 1923 unabhängig voneinander publizierte Theorie stellt die *logische* Weiterentwicklung der BERZELIUSschen Vorstellungen dar. Den Kern der genannten Theorie bildete das korrespondierende oder konjugierte Säure-Base-Paar, das durch das Proton verbunden ist:

$$S_1 + B_2 \rightleftharpoons B_1 + S_2$$

Das bedeutet, wie schon im Zusammenhang mit BERZELIUS bemerkt, daß die Reaktion einer Säure gleichzeitig an die einer Base (und umgekehrt) gebunden ist; Säuren und Basen werden als *widersprüchliche, wechselwirkende Teile einer Einheit* widergespiegelt. Eine Substanz kann als Säure (Base) nur im chemischen Prozeß charakterisiert werden. Säuren und Basen werden durch die Widerspiegelung des Protonenübergangs in einen funktionalen Zusammenhang gebracht. Verallgemeinert ausgedrückt heißt das: Substanzen werden als Säuren und Basen durch die *chemische Bewegung* realisiert. Sie sind die Vergegenständlichung des Bewegungszustandes. Bei Ausschluß der Bewegung geht das Widersprüchliche zwischen Säuren und Basen in der Widerspiegelung verloren; es verbleibt die dualistische Entgegensetzung [14]. Die daraus erwachsende Relativität der Begriffe schließt ihre Anwendung zum Zwecke einer Substanzklassifikation aus. Es ergeben sich ohne Bezogenheit auf einen Reaktionspartner Antinomien derart: Die Substanz ist eine Säure und eine Base; ein Beispiel soll das demonstrieren:

$$\underset{\text{Säure}}{HF} + \underset{\textit{Base}}{CH_3COOH} \rightleftharpoons CH_3C(OH)_2^+ + F^-$$

$$\underset{\textit{Säure}}{CH_3COOH} + \underset{\text{Base}}{NaOH} \rightleftharpoons CH_3COO^- + Na^+ + H_2O$$

Vergleichend zur Theorie von ARRHENIUS zeigt sich, daß die Donatorfunktion mit einer Akzeptorfunktion verbunden ist; die Säuren und Basen wirken nicht nur, sondern wechselwirken und werden dabei selbst verändert. Säuren und Basen sind aufeinander bezogene Strukturen eines chemischen Prozesses. Die Theorie von BRÖNSTED widerspiegelt ein breiteres Spektrum der objektiven Realität. Es existiert kein ausschließlicher Bezug auf wäßrige Systeme. Zwischen dem Begriffsumfang der Säuren und Basen besteht keine Symmetrie, da potentiell ungleich mehr Protonenakzeptoren als Protonendonatoren vorhanden sind. Der Säure- und Basebegriff nach BRÖNSTED ist an die Existenz und die Bewegung eines Teilchens gebunden, an das Proton. Nur die chemischen Reaktionen können erfaßt werden, bei denen Protonenübergänge erfolgen oder zumindest vorgestellt werden können. 1924 wiesen FAJANS und JOOS nach, daß die Wahrscheinlichkeit der Existenz freier Protonen äußerst gering ist. Freigesetzte Wasserstoffionen hydratisieren sofort zum Hydroniumion $(H_3O)^+$ und bilden aufgrund des relativ hohen Dipolmoments des Wassermoleküls einen Solvatkomplex $(H_9O_4)^+$.

Diese Erkenntnis ebnete den Weg für das tiefere thermodynamische und kinetische Verständnis der Protolysereaktion. So konnte in neuerer Zeit durch Anwendung des quantenmechanischen Modells auf die Wasserstoffbrückenbindung der Verlauf der Potentialkurve für den $(H_9O_4)^+$-Komplex bestimmt werden. Die hohe Einstellgeschwindigkeit von protolytischen Gleichgewichten und die nahezu temperaturunabhängige Leitfähigkeit fand in der Erkenntnis des Tunneleffekts eine Erklärung.

Ebenfalls im Jahre 1923 wurde von LEWIS eine neue Säure-Base-Theorie veröffentlicht. Säuren sind danach Substanzen, die ein freies Elektronenpaar unter Ausbildung einer kovalenten Bindung aufnehmen, Basen dagegen liefern ein freies Elektronenpaar zur Ausbildung einer kovalenten Bindung. War der Zusammenhang zwischen Säuren und Basen nach BRÖNSTED durch das Proton vermittelt, so ersetzte LEWIS das Teilchen „Proton" durch Veränderungen in der Elektronenstruktur der Reaktionsteilnehmer; Säuren sind Elektronenpaar-Akzeptoren, Basen Elektronenpaar-Donatoren. Die Säure-Base-Reaktion wird in ihrem Wesen als spezifischer Wandel in der Elektronenkonfiguration der Reaktionspartner widergespiegelt. Säuren und Basen sind widersprüchliche, aber unabdingbar zusammengehörige Teile, an denen sich der Strukturwandel vollzieht; die Teile haben nur unter dieser Voraussetzung die Qualität einer Säure oder Base.

Mit dieser Theorie wird die Interpretation sowie ein Abschätzen der Reaktivität einer Vielzahl organischer und komplexer Reaktionen möglich, da hier überwiegend kovalente Bindungen auftreten. „Protonensäuren", wie beispielsweise Salpetersäure, sind per Definition nun aber keine Säuren mehr. Damit ist in vielen Beziehungen die Verbindung zum Säure- und Basebegriff, der durch BOYLE zuerst fixiert und später weiterentwickelt wurde, gebrochen. Selbst nach BRÖNSTEDS Festlegungen reagieren die Substanzen meist als Säuren, die nach der „klassischen" Substanzklassifikation als solche wiedergegeben werden. BJERRUM versucht in diesem Problem eine Vermittlung, indem er Protonendonatoren als Säuren, Elektronenakzeptoren als Antibasen bezeichnet. Danach können in chemischen Prozessen sowohl Aprotonensäuren als auch Protonensäuren auftreten.

USSANOWITSCH führt zur LEWIS-Theorie kritisch aus: Säuren haben danach Elektronenlücken, daneben aber auch häufig freie Elektronenpaare; damit sind es Säure-Basen, die echten Basen mit freien Elektronenpaaren gegenüberstehen. Seine eigenen theoretischen Vorstellungen stützen sich nicht, wie die von LEWIS, auf das kovalente Grenzmodell der chemischen Bindung, sondern auf das heteropolare Modell. Er definiert Säuren als Teile, die im chemischen Prozeß Kationen abspalten, Basen dagegen spalten Anionen oder Elektronen ab oder nehmen Kationen auf. Damit können mit Ausnahme der Radikalreaktionen nahezu alle chemischen Vorgänge als Säure-Base-Reaktion interpretiert werden. Die saure, bzw. basische Eigenschaft der Reaktanten wird als ein wesentliches Charakteristikum der überwiegenden Zahl aller chemischen Reaktionen widergespiegelt. Beide Begriffe sind symmetrisch zueinander und besitzen nun einen Umfang, der kaum erweiterungsfähig ist. Die empirisch stets zu beobachtende Relativität chemischer Eigenschaften wird durch USSANOWITSCH in einer Theorie verallgemeinert widergespiegelt.

HENRION mag recht haben, wenn er bemängelt, daß vorerst die Vorstellungen von USSANOWITSCH nicht die ihnen gebührende Beachtung fanden, was zu jener Zeit auf die Geringschätzung wissenschaftlicher Ergebnisse, die ihren Ursprung in der Sowjetunion hatten und auf die geringe Verbreitung sowjetischer Fachliteratur im Ausland zurückzuführen sein dürfte [5].

EBERT und KONOPIK schlagen 1949 vor, BRÖNSTEDS Begriff des korrespondierenden Säure-Base-Paares auf alle Stoffpaare zu erweitern, die durch den Übergang eines Ions zueinander konjugiert sind. Damit wird ebenfalls die Unsymmetrie des BRÖNSTEDschen Säure-Base-Begriffs, sowie dessen unmittelbare Bindung an das Proton beseitigt. Säuren und Basen können jedoch aufgrund der Nichteinbeziehung von Elektronenübergängen nicht als Partner von Redoxreaktionen erfaßt werden.

EBERTS und KONOPIKS Säure-Base-Konzept spiegelt damit bezüglich des Umfangs und in intensionaler Sicht einen Teil der Auffassungen von USSANOWITSCH wider.

Sowohl USSANOWITSCH als auch EBERT und KONOPIK verwenden die KOSSELsche Theorie der Bindung. Dadurch ist die Möglichkeit gegeben, anhand leicht zugänglicher Größen, wie Ionenradius, Oxydationsstufen bzw. Koordinationszahl, die Säure- bzw. Basenstärke relativ gut *abzuschätzen*, um somit Voraussagen über zu erwartende Reaktionen zu tätigen. Offen ist gegenwärtig noch der quantitative Ausbau der USSANOWITSCH-Theorie. Der von CHARLOT, WOLFF und LACROIX im Jahre 1947 unterbreitete Ansatz wurde bisher nicht weiterentwickelt.

Eine vergleichende Betrachtung der Säure-Base-Theorien mit den Theorien der Redox- und Komplexreaktionen ergibt das Bild eines schrittweisen Einfließens von Teiltheorien in umfassendere theoretische Systeme. Die genannten Theorien unterscheiden sich teilweise hinsichtlich der Art der Teilchenübertragung; ihre Gemeinsamkeit besteht in der widersprüchlichen, aber unabdingbaren Zusammengehörigkeit von Donator- und Akzeptorfunktionen innerhalb eines chemischen Prozesses. Da die Geschichte verschiedener Reaktionstypen gleichzeitig eine Geschichte der Erkenntnisse über die chemische Bindung und die mikrophysikalischen Grundlagen der chemischen Prozeßabläufe ist, wird die Entwicklung von Teiltheorien chemischer Reaktionsabläufe verständlich. Nun ist aber auch mit solch umfassenden Theorien der chemischen Reaktion, wie die von LEWIS und USSANOWITSCH noch kein theoretisches Konzept entwickelt, das jede Reaktion unter einem einheitlichen Aspekt zu betrachten erlaubt. Die Ursache liegt in den unterschiedlichen Bindungsmodellen, von denen LEWIS und USSANOWITSCH ausgehen.

Das von PEARSON 1963 entwickelte Konzept der „harten" und „weichen"

Säuren und Basen hebt den Mangel der Theorie von USSANOWITSCH, der in der Beschränkung auf die Ionenbeziehung besteht, auf. Als Säuren bzw. Basen können Atome, Ionen und Moleküle reagieren. Der Ausgangspunkt von PEARSONS Überlegungen bildete die Beschäftigung mit der Kinetik der nucleophilen Austauschreaktionen von Komplexverbindungen. Er konnte sich dabei auf eine Reihe vorausgegangener Arbeiten stützen [15]. Bezeichnet man mit $N$ ein nucleophiles Reagenz, Ligand oder Base und mit $S-X$ einen Säure-Base-Komplex, wobei $X$ die auszutauschende Gruppe, die das Elektronenpaar mitnimmt (Base) ist, während $S$ ein elektrophiles Atom repräsentiert (Säure), so läßt sich folgende allgemeine Gleichung für nucleophile Substitutions- bzw. Säure-Base-Reaktion angeben:

$$\underset{\text{Base 2}}{N|} + \underset{\text{Säure-Basekomplex 1}}{S-X} \rightleftharpoons \underset{\text{Säure Basekomplex 2}}{N-S} + \underset{\text{Base 1}}{X|}$$

Als „harte“ Säuren werden Teilchen mit Akzeptorfunktion bezeichnet, deren Valenzelektronen schwer verschieb- und entfernbar sind. Das ist bei Teilchen mit kleinem Radius und hoher positiver Ladung der Fall. Bei „weichen“ Säuren ist das Akzeptoratom groß und von geringer Ladung und es besitzt leicht entfernbare Valenzelektronen. Harte Basen sind stark elektro-negative Teilchen mit Donatorfunktion; bei weichen Basen sind die Valenzelektronen leicht polarisierbar oder abzutrennen. PEARSON kam bei einer vergleichenden Betrachtung zu der Erkenntnis, daß sich vorzugsweise harte Säuren mit harten Basen und weiche Säuren mit weichen Basen zu stabilen Kombinationen verbinden. Des weiteren zeigte sich die Existenz von Grenzfällen, wonach der Charakter der Base den Charakter der Säure (bzw. umgekehrt) mitbestimmt. Die seit BERZELIUS bekannte Erscheinung der Amphoterie und der in den Theorien von BRÖNSTED, LEWIS und USSANOWITSCH u. a. widergespiegelte objektive Sachverhalt des wechselseitigen Bedingtseins des Säure- bzw. Basecharakters wird hier auf anderer Grundlage wiederum evident. Das auf der Basis von experimentellen Einzeldaten entwickelte Konzept der harten und weichen Säuren und Basen (HSAB-Konzept; *h*ard and *s*oft *a*cids and *b*ases) stellte zunächst eine empirische Verallgemeinerung dar, die unmittelbar die Frage nach der Begründung aufwirft. Die auch von PEARSON selbst gestellte Frage konnte nicht allein aus der Stabilität des bei der Reaktion entstandenen Säure-Base-Komplexes beantwortet werden, sondern es zeigte sich, daß alle Effekte, die die Stärke der chemischen Bindung bestimmen, in die Betrachtung einbezogen werden müssen. Die PEARSONsche Entdeckung regte an, bekannte Tatsachen in neuem Zusammenhang zu sehen, sowie neue Tatsachen aufzuspüren. Einige ausgewählte Ergebnisse sollen aufgeführt werden [16], — die vor allem auf die Tatsache hinweisen, daß die theoretische Entwicklung auf einem Gebiet einer Naturwissenschaft durch in anderen Bereichen gewonnene Erkenntnisse erst möglich bzw. weitgehend beeinflußt wird. So fand MULLIKEN, daß eine chemische Bindung dann sehr stark ist, wenn die Elektronenaffinitäten der Säure sehr groß und das Ionenpotential der Base sehr klein ist. Die Tatsache, wonach die sogenannten $d$-Elemente (und ihre Ionen) weiche Säuren darstellen, läßt sich mit Hilfe der $\pi$-Bindungstheorie begründen. Weiche Basen sind in der Lage, auf leeren, unbesetzen Elektronenniveaus $d$-Elektronen von weichen Säuren aufzunehmen. Der $\pi$-Bindungsanteil erklärt in diesem Fall die Stabilität solcher Verbindungen. — Desweiteren konnte bei Untersuchungen zum Lösungsmitteleinfluß nachgewiesen werden, daß die Einbeziehung der Solvatation für die Zuordnung zur Klasse der harten oder weichen Basen allein aufgrund der Polarisierbarkeit ungenau ist. — Die wenigen Beispiele verdeutlichen, daß für die Bestimmung der Reaktivität chemischer Verbindungen keine einfachen Korrelationen existieren, sondern daß vielmehr ein Komplex unterschiedlicher Faktoren beeinflussend wirkt, die auch im theoretischen Abbild einen adäquaten Niederschlag finden müssen. Das HSAB-Konzept gestattet es, verschiedene Phänomene der chemischen Reaktivität, die sonst von Redox- oder Säure-Base-Theorien abgebildet werden, unter einem einheitlichen Gesichtspunkt zu ordnen. Mit der Kenntnis der wichtigsten, die Reaktivität beeinflussenden Faktoren, sind gut angenäherte qualitative Abschätzungen über den zu erwartenden Reaktionsverlauf möglich. Bis heute fehlt jedoch eine durchgängige quantitative Erfassung des HSAB-Konzepts. Die Schwierigkeiten resultieren — verglichen zur BRÖNSTED-Theorie — vor allem aus der unterschiedlichen Art möglicher Teilchenübergänge, aus der Einbeziehung verschiedener Faktoren, die die chemische Bindung beeinflussen und die damit zusammenhängende Reaktivität chemischen Verhaltens einer definierten Verbindung in Beziehung zu einem bestimmten Partner unter vorgegebenen Bedingungen. Existiert für die auf wäßrige Lösungen angewendete BRÖNSTED-Theorie als ein fixer „natürlicher" Bezugspunkt für quantitative Bestimmungen die Dissoziation des Wassers bei Normalbedingungen, so kann solcher für das HSAB-Konzept nicht angegeben werden (ebenfalls nicht im Rahmen der LEWIS- bzw. USSANOWITSCH-Theorie).

Bisher wurden mehrere Ansätze für den quantitativen Ausbau des HSAB-Konzepts entwickelt. Das gilt jedoch nur für Teile des durch diese Theorie erfaßten Objektbereiches. Die mathematische Durchdringung einer Theorie ermöglicht, ausgehend von der quantitativen Darstellung eines Systems in einem gegebenen Zustand, Voraussagen über zukünftige Zustände des Systems zu liefern. Das Ziel mathematisch formulierter Gesetze des Säure-Base-Prozesses besteht in der quantitativen Erfassung bestimmter qualitativer Größen. Das Ziel wird um so einfacher zu erreichen sein, je weniger Parameter den Prozeßverlauf vom Anfangs- zum Endzustand beeinflussen. Bei der BRÖN-

STED-Theorie ist es unter Normalbedingungen bei stark verdünnten wäßrigen Lösungen nur die Protonenkonzentration. Komplizierter war bereits die quantitative Erfassung höherer Konzentrationsbereiche und von Lösungsmitteleffekten. Insgesamt zeigt sich, daß der relativ einfache Ausbau der BRÖNSTED-Theorie eine Folge der engen Begrenzung des widergespiegelten Objektbereichs auf den Protonenübergang ist. Der um vieles breitere Objektbereich, den das HSAB-Konzept abbildet, erschwert das Auffinden mathematisch formulierbarer quantitativer Beziehungen. — Geht man von der Stabilität des Säure-Base-Komplexes $A:B$ aus, so ist diese eine Funktion der Säurestärke von $A$ und der Basenstärke von $B$. Nimmt man den Säure-Base-Substitutionsprozeß

$$A_1 + A:B \rightarrow A_1:B + A,$$

so ist ein Maß für die Stabilität des Komplexes die Gleichgewichtskonstante dieser Reaktion:

$$\lg K = S_A \cdot S_B$$

$S_A$: Säurestärke
$S_B$: Basenstärke

Nun hilft diese Beziehung im konkreten Einzelfall nicht weiter, da es bisher nicht gelang, eine Skala der Basenstärke aufzustellen. Diese kann nur relativ gegenüber einem Standard-Säure-Base-Komplex bestimmt werden. Daraus folgen Teillösungen für den quantitativen Ausbau des HSAB-Konzepts, wie die Bestimmung der relativen Weichheit einer Base im Verhältnis zu einem (im Komplex gebundenen) Platin-II-Ions. — Ohne Nennung aller bisher entwickelten Ansätze, die sich meist auf thermodynamischen und kinetischen Bestimmungen gründen, muß gegenwärtig konstatiert werden, daß die Ergebnisse im vollen Rahmen dieses Konzepts nicht zufriedenstellen. Abgesehen von eng begrenzten Spezialgebieten, für die ein Bezugssystem geschaffen wurde, besitzt das HSAB-Konzept seinen hauptsächlichen Wert für die gegenwärtige Chemie, erstens, in der damit gegebenen Möglichkeit der Abschätzung von Gleichgewichtslagen zwischen bestimmten Reaktanten; zweitens gestattet dieses Konzept Voraussagen über die Stabilität von Wertigkeitsstufen noch unbekannter Verbindungen; drittens sind begründete Vermutungen über die katalytische Wirkung bestimmter Zusätze möglich. So kann beispielsweise ein elektrophiles Agenz die Umsetzung eines Substrats mit einem Nucleophil begünstigen.

Im Rückblick auf die historische Entwicklung der wichtigsten Säure-Base-Vorstellungen zeigen sich zwei den Inhalt der Theorie betreffende Hauptaspekte: Erstens reflektiert der jeweilige Entwicklungsstand das allgemein erreichte Niveau der chemischen Forschung und angrenzender Gebiete (hauptsächlich der Physik). Erkenntnisse der physikalischen Chemie, insbesondere über Kinetik und chemische Bindung, sind seit ARRHENIUS integraler Bestandteil der Säure-Base-Theorie. Sukzessive wurde neu hinzugewonnenes Wissen in den Bestand der Säure-Base-Widerspiegelungen einbezogen. Ähnlich, wie im Zusammenhang mit der fortschreitenden Entwicklung der Säure-Base-Theorie, wurde solches Wissen auch in andere chemische Prozeßtheorien einbezogen. Das betrifft insbesondere Redox- und Komplexreaktionen. In den meisten Fällen treten bei einer realen chemischen Reaktion mehrere Reaktionstypen gekoppelt auf, so daß der Gesichtspunkt der Betrachtung entscheidend ist.

Eine zweite Seite des wissenschaftlichen Progresses ist die Tendenz des Zusammenfassens relativ isolierten Einzelwissens unter größeren, einheitlichen Gesichtspunkten. Wurden mit der BRÖNSTED-Theorie allein Reaktionen mit Protonendonator — Akzeptorwirkung erfaßt, so wurden zunehmend in der Reihe: LEWIS, USSANOWITSCH und PEARSON alle Reaktionstypen der anorganischen Chemie widergespiegelt. Es kann also eine Konvergenz verschiedener Reaktionstypen konstatiert werden. Ausgehend von der Analyse der Reaktionstypen der anorganischen Chemie führt I. FITZ den vielseitig begründeten Nachweis, daß im HSAB-Konzept alle bisher entwickelten Abbilder über den Typus einer chemischen Reaktion im dialektischen Sinne aufgehoben ist: Eine Übersicht soll das verdeutlichen [17]:

| *Reaktionstyp* | | | | | | | | |
|---|---|---|---|---|---|---|---|---|
| Komplexreaktion | $N\vert$ | + | $S-X$ | $\rightleftharpoons$ | $N-X$ | + | $X\vert$ |
| Redoxreaktion | $Red_2$ | + | $Ox_1$ | $\rightleftharpoons$ | $Ox_2$ | + | $Red_1$ |
| Säure-Base-Reaktion (nach BRÖNSTED, LEWIS, USSANOWITSCH) | $B_2$ | + | $S_1$ | $\rightleftharpoons$ | $S_2$ | + | $B_1$ |
| *HSAB*-Konzept | $B_2$ | + | $S-B$ ↗ Komplex$_1$ | $\rightleftharpoons$ | $S-B$ ↖ Komplex$_2$ | + | $B_1$ |

Wie das folgende Beispiel zeigt, ist ein Ligandenaustausch gleichzeitig als nucleophile Substitutionsreaktion, Redox- oder Säure-Basereaktion interpretierbar [18]:

| $OH^-$ | + | $Cl-Cl$ | $\rightleftharpoons$ | $HOCl$ | + | $Cl^-$ |
|---|---|---|---|---|---|---|
| 1. Nucleophile Substitution: | | | | | | |
| $N\vert$ | + | $S-X$ | $\rightleftharpoons$ | $N-S$ | + | $X\vert$ |
| 2. Säure-Base-Reaktion | | | | | | |
| $B_2$ | + | $S_1$ | $\rightleftharpoons$ | $S_2$ | + | $B_1$ |
| 3. Redoxreaktion | | | | | | |
| $Red_2$ | + | $Ox_1$ | $\rightleftharpoons$ | $Ox_2$ | + | $Red_1$ |

# 3. Objektive Dialektik und chemische Theorienentwicklung

## 3.1. *Objektive und subjektive Dialektik*

Der im vorangegangenen Kapitel skizzierte Ausschnitt aus dem historischen Prozeß menschlicher Erkenntnistätigkeit zeigt ein immer tieferes Eindringen in die objektiven, d. h. vom erkennenden Subjekt unabhängigen Zusammenhänge der Natur. Die chemische Wissenschaft lieferte und liefert einen wichtigen Beitrag zur Erkenntnis bestimmter Struktur- und Bewegungsformen des materiellen Substrats; das ist eine Seite. Darüber hinaus hat sie im Laufe ihrer geschichtlichen Entwicklung dazu beigetragen, Wege des Erkennens, sowie Möglichkeiten und Formen theoretischer Abbilder der objektiven Naturzusammenhänge zu finden und zu vervollkommnen.

Die Dialektik der Bewegungs- und Entwicklungzusammenhänge in Natur und Gesellschaft wird mit dem Begriff der objektiven Dialektik erfaßt; die Widerspiegelung der objektiven Dialektik im Bewußtsein und im Denken der Menschen ist subjektive Dialektik. Zwischen beiden Seiten existiert keine metaphysische Trennung, da die menschliche Fähigkeit der Widerspiegelung objektiven Geschehens sich selbst aus der Natur entwickelte und in der Auseinandersetzung mit der Natur auf diese zurückwirkt.

Die materialistische Dialektik unterscheidet sich in ihrem Wesen von der HEGELschen Dialektik, indem sie das theoretische Abbild als Widerspiegelung objektiver Beziehungen faßt, die unabhängig und außerhalb des Bewußtseins existieren. Das bedeutet, daß sich das Abbild nach der Wirklichkeit zu richten hat und nicht umgekehrt. Die Quelle aller Bewegung und Veränderung ist in den Objekten selbst begründet und wird nicht nach außen verlegt (absolute Idee, Gott u. a. m.).

Dialektische Widerspiegelung bedeutet in ihrem Kern die ganze natürliche, geschichtliche und geistige Welt als einen Prozeß, d. h. als in steter Bewegung, Veränderung, Umbildung und Entwicklung zu erfassen und den inneren Zusammenhang in dieser Bewegung und Entwicklung nachzuweisen. „Die Dialektik, die ebenso keine hard and fast lines, kein unbedingtes allgemeingültiges Entweder-Oder! kennt, die die fixen metaphysischen Unterschiede ineinander überführt und neben dem Entweder-Oder! ebenfalls das Sowohl dies — wie jenes! an richtiger Stelle kennt und die Gegensätze vermittelt, ist die einzige ihr in höchster Instanz angemeßne Denkmethode", bemerkt Engels [19].

Die Darstellung des historischen Prozesses der Säure-Basevorstellungen läßt innere Zusammenhänge dieser Entwicklung nur undeutlich hervortreten, es werden aber bereits Probleme sichtbar: Erstens geht es um Fragen der Annäherung der subjektiven Dialektik an die Dialektik in der objektiven Realität. Die Approximation der Widerspiegelung an dialektische Züge des Gegenstandes kann im Rahmen einer Untersuchung nicht global dargestellt werden, sondern muß zunächst von Einzelaspekten ausgehen, die jedoch stets als Bestandteil komplexer Beziehungen im Auge behalten werden müssen. Dazu wird in den folgenden Ausführungen besonders auf Fragen des Verhältnisses von Substanz- und Prozeßklassen, von chemischer Reaktion und chemischem Prozeß sowie auf die Beziehungen von Struktur- und Bewegungszusammenhängen chemischer Substrate eingegangen. Das sind Fragen, die sich aus der Geschichte der Säure-Base-Theorie *auch* ergeben, jedoch eine weit allgemeinere Bedeutung für die Chemie haben.

Der zweite Komplex befaßt sich mit der Dialektik des Erkennens. Wir werden uns dabei auf Fragen nach dem Verhältnis empirischer und theoretischer Erkenntnis, auf das Problem der Wahrheit chemischer Theorien, und auf Determinanten der Theorienentwicklung konzentrieren.

### *3.1.1. Substanzbezeichnungen, Substanz- und Prozeßklassen*

Aus der bisherigen Untersuchung des historisch-logischen Prozesses über die Entwicklung theoretischer Aussagen über Säuren und Basen ergibt sich die zusammenfassende Schlußfolgerung: Solange die Begriffe der Säure und der Base theoretisch nicht unmittelbar aufeinander bezogen sind, sind sie innerhalb bestimmter Grenzen in der chemischen Praxis gut handhabbare Termini für Substanzklassen. Die theoretische Widerspiegelung der objektiven Verbindung von Säuren und Basen im chemischen Prozeß schließt diese Begriffe als Termini für Substanzklassen außerhalb der Prozeßbetrachtung aus, da ein wechselseitiges Bedingtsein von Säure und Base vorliegt. Die Erfassung chemischer Substanzen in Klassen (unabhängig vom chemischen Prozeß) ist jedoch eine wichtige Voraussetzung sowohl für die theoretische Widerspiegelung als auch für ein rationelles Vorgehen in der chemischen Praxis. Es erhebt sich daraus die Frage nach dem Verhältnis der Widerspiegelung von chemischen Substanzen außerhalb und innerhalb chemischer Prozesse.

Wie bereits bemerkt, bedeutet die Widerspiegelung von Substanzklassen das Abstrahieren von der Bewegung. Das ist ein Produkt des Denkens, denn Substanzen in der absoluten Ruhe existieren nicht. Chemische Ruhe ist eine

Abstraktion, Materie und Bewegung sind in der Realität stets unabdingbar miteinander verbunden. Dieses Abstraktum ist ein Produkt des Gehirns, jedoch nicht als Fiktion zu sehen. Ruhe besitzt immer einen relativen Charakter, er besteht darin, „daß jeder Ruhe- oder Gleichgewichtszustand an einen Bewegungszustand gebunden ist und nur in Beziehung auf diesen existiert“ [20]. Die relative Ruhe einer chemischen Substanz erweist sich als dynamischer Gleichgewichtszustand des Systems „Substanz“; außerdem erfolgen keine systemverändernden Wechselwirkungen mit der Umwelt. Dieser Zustand ist an für jede Substanz charakteristische Bedingungen geknüpft. Dieses Moment der relativen Ruhe ermöglicht es, die chemischen Substanzen außerhalb des chemischen Prozesses zu erfassen. Erst so wird ihre Klassifikation in entsprechenden Gruppen möglich.

Methodologisch bedeutet das Klassifizieren die Zerlegung eines Ganzen durch das Auffinden von Äquivalenzrelationen zwischen Individuen eines Gegenstandsbereiches [21]. Ein methodisches Vorgehen verlangt hier zunächst die Feststellung, was als Individuum im Zusammenhang mit der Klassifikation erfaßt werden soll.

In der chemischen Wissenschaft existieren keine einheitlichen Auffassungen zu den Begriffen „Stoff“, „Verbindung“, „Substanz“ und „Molekül“. In den meisten Darlegungen werden die Begriffe des Stoffs, der Verbindung und der Substanz synonym gebraucht. Weiterhin wird nicht immer klar zwischen der makroskopischen und submikroskopischen Betrachtungsebene unterschieden. Daraus resultieren uneinheitlich verwendete Begriffsinhalte oder -umfänge. Wenn eine Klassifikation der Stoffe oder Substanzen vorgenommen werden soll, muß zunächst eine Arbeitshypothese für die Explikation dieser Begriffe zugrunde gelegt werden.

Für die Belange der Chemie ist es hinreichend, wenn wir den Terminus Stoff für eine Erscheinung der Materie, die sich durch korpuskulare Struktur und Ruhemasse auszeichnet, verwenden. Von entscheidender weltanschaulicher Bedeutung ist hierbei, daß Stoff und Materie nicht gleichgesetzt werden, sondern Stoff eben nur *eine* Erscheinungsform der Materie ist. Für unseren Gebrauch soll dieser Begriff eine makroskopische Menge chemischer Elemente (gleicher und ungleicher Sorte, chemisch gebunden und nicht gebunden) reflektieren.

Eine chemische Substanz läßt sich als reiner Stoff definierter Zusammensetzung fassen. Ein Problem, das sich mit diesem Terminus verbindet, gibt Pauling an, wenn er schreibt: „Natürlich ist der Begriff ‚Substanz‘ eine Idealisierung. Alle vorkommenden Substanzen sind mehr oder weniger verunreinigt. Immerhin ist dieser Begriff nützlich. Verschiedene Proben unreiner Substanzen mit dem gleichen Hauptbestandteil, aber verschiedenen Verunreinigungen zeigen nämlich in ihren Eigenschaften kaum irgendwelche Unterschiede, sofern nur die Verunreinigungen sehr gering sind. Diese übereinstimmenden Eigenschaften werden als die der idealen Substanz genommen" [22].

Praxisrelevant ist also die Frage nach der Identität chemischer Substanzen. Da die absolute Übereinstimmung zweier Dinge in allen Merkmalen nur dann möglich ist, wenn es sich um dasselbe Ding handelt, haben wir es in der praktischen Chemie bei der Identitätsfeststellung einer Substanz (beispielsweise auf verschiedenen Wegen gewonnene Essigsäure) mit der Dialektik des Identischen und Verschiedenen zu tun. Wird allgemein von „der Essigsäure" gesprochen, so kann diese verschiedene Verdünnungsgrade, Verunreinigungen usw. aufweisen. Untersucht werden kann nur eine konkrete Essigsäure. In einigen Merkmalen ist die Essigsäure (1) mit der Essigsäure (2) identisch und mit anderen verschieden. Durch das Prinzip der abstrakten Identität wird das Beständige in den Eigenschaften aller Essigsäuren widergespiegelt; das ist ihre erkenntnistheoretische Bedeutung. Allein auf dieser Grundlage ist die Klassifikation chemischer Substanzen möglich. Wichtig ist es jedoch — in der Praxis — stets die Dialektik von Identität und Unterschied im Auge zu behalten, da deren Mißachtung zum Mißlingen von Experimenten, technischen Prozessen bzw. zu fehlerhaften Interpretationen von Versuchsergebnissen führen kann. Es gilt, sich der Notwendigkeit der Negation des „gewöhnlichen Denkens", wie es LENIN ausdrückt, besonders in der wissenschaftlichen Arbeit bewußt zu sein: „Das gewöhnliche Denken stellt Identität und Unterschied nebeneinander (‚daneben'), ohne *‚diese Bewegung des Übergehens einer dieser Bestimmungen in die andere'* zu begreifen" [23].

Der chemische Substanzbegriff widerspiegelt eine makroskopische Menge; offen ist noch die Frage nach den submikroskopischen Struktureinheiten. Es existiert gegenwärtig dafür keine einheitliche Begriffsbestimmung. Der Terminus Verbindung tritt sowohl zur Bestimmung einer submikroskopischen Struktureinheit als auch für Makrosysteme auf [24]. Verwenden wir diesen Terminus im makroskopischen Sinne, so zeigt sich in- und extensionale Übereinstimmung zwischen den Begriffen der Substanz und der Verbindung. Damit reduziert sich das Problem auf den Molekülbegriff und es erhebt sich die Frage, ob es kleinste Teile einer Substanz gibt, die die chemischen und physikalischen Eigenschaften der makroskopischen Menge zeigen. Die „klassische" Chemie betrachtet Moleküle als elektrisch neutrale Teilchen mit einem quantitativ exakt definierten Verhältnis bestimmter Atome, die durch chemische Bindungen verknüpft sind. Diese Bestimmung stand jedoch bald im Widerspruch zu Erkenntnissen über die Struktur beispielsweise salzartiger Substanzen. In neuerer Zeit wurde der Molekülbegriff durch die Anzahl der Teilchenarten erweitert. Im „*Lehrwerk Chemie*", das der Ausbildung der Chemiestudenten, die gegenwärtig unsere Hochschulen und Universitäten besuchen, dient, ist die folgende Definition enthalten: „Der Begriff ‚Molekül' schließt im weitesten

Sinne die Molekülionen, Komplexmoleküle und Radikale ein“ [25]. Der Molekülbegriff reduziert sich hier auf die definierte Zusammensetzung bestimmter Teilchen. POLLER meint, „daß es ein Molekül schlechthin nicht geben kann. Das Molekül ist vielmehr konkret“ [26]. Das bedeutet die Unmöglichkeit einer abstrakt-allgemeinen Festlegung der kleinsten Struktureinheit einer chemischen Substanz; es bedarf der jeweiligen konkreten Untersuchung der Substanzen. Diese Situation führte LAITKO in Anlehnung an BOKII und BAZANOW zum Vorschlag, statt des Molekülbegriffs zukünftig den der Verbindungseinheit zu verwenden, da ersterer zu stark mit der Bedeutung „relativ selbständige Teilchen“ belastet ist [27]. L. KOLDITZ plädiert ebenfalls dafür, den Molekülbegriff fallen zu lassen und schlägt vor, von „Baueinheiten“ zu sprechen, da sonst nur der Weg bleiben würde, ganze Festkörper als eine Molekel zu betrachten [28].

Aus pragmatischen Gründen ist es sicher günstig, wenn im Zusammenhang mit der kleinsten Struktureinheit die wichtigsten Eigenschaften der Substanz abgebildet werden, da meist *Modell*vorstellungen über die Mikrostrukturen der Substanzen für die Erkenntnis der Reaktivität im makroskopischen Bereich entwickelt werden. Dabei muß u. a. berücksichtigt werden, daß die Verbindungs- oder Baueinheit erstens nicht mit der chemischen Formel für eine Substanz übereinstimmen muß und zweitens die Verbindungseinheit von den Bedingungen, unter denen die Substanz jeweils existiert, abhängig ist. So wird beispielsweise bei Zimmertemperatur vorliegendes Natriumchlorid durch Formel NaCl als Verbindungseinheit nicht richtig wiedergegeben. Die Verbindungseinheit könnte unter Normalbedingungen durch die Elementarzelle des Kochsalzes repräsentiert werden. Erhitzt man jedoch Natriumchlorid über 800 °C, so treten einzelne Verbindungseinheiten auf, die der Formel NaCl entsprechen und als Moleküle im klassischen Sinne bezeichnet werden könnten. Es wird deshalb die Auffassung vertreten, daß die Versuche zur Festlegung allgemeiner, kleinster Struktureinheiten für Substanzen wenig fruchtbringend sind; vielmehr sollte der Terminus Verbindungseinheit oder ein veränderter Molekülbegriff so gefaßt werden, daß dieser bei definierten Bedingungen die kleinste Struktureinheit wiedergibt. Unberücksichtigt bleibt dabei noch die Dialektik zwischen Teil (Verbindungseinheit) und Ganzem (chemische Substanz), da von der Wechselwirkung der Teile abstrahiert wird.

Nachdem ein Standpunkt zur begrifflichen Fassung chemischer Individuen entwickelt wurde, geht es nun darum zu diskutieren, nach welchen Kriterien Substanzen klassifiziert werden sollten. Wie das Beispiel der Säuren und Basen zeigt, können Substanzen auf der Grundlage bestimmter Qualitäten in Klassen erfaßt werden. HÖRZ bezeichnet „Die Gesamtheit der wesentlichen Beziehungen eines Systems, die in einem bestimmten Zusammenhang mit Teilsystemen oder mit anderen Systemen auftreten ..." als Qualität [29]. Das ist eine philosophische Definition, die dahingehend spezifiziert werden muß, daß ausgesagt wird, was wesentliche Beziehungen innerhalb des Systems Substanz bzw. zwischen den Substanzen sind.

Eine Substanz kann die Qualität eines Reduktionsmittels oder Oxydationsmittels, einer Säure oder Base haben, als auch die Qualität eines elektrischen Leiters, einer flüssigen Phase u. a. m. besitzen. Die *chemische* Qualität einer Substanz realisiert sich aus der Beziehung zu anderen Substanzen im chemischen Prozeß. Für die Bereiche der Chemie, die sich weniger dem chemischen Prozeß widmen, sondern der Struktur der Verbindungseinheiten, stellen die Beziehungen innerhalb dieser Systeme, bestehend aus solchen Teilsystemen, wie chemisches Element, Radikal, Ion den wesentlichen Aspekt der Betrachtung dar. Die *chemischen* Eigenschaften der Substanzen sind nicht a priori gegeben, sondern es sind Erscheinungen, die an die *chemische Bewegungsform der Materie* gekoppelt sind; keine Substanz hat Eigenschaften „an sich", sondern „... die Eigenschaft ist die Wechselbeziehung selbst" [30].

Physikalische Eigenschaften können beobachtet und gemessen werden, ohne daß chemische Veränderungen erfolgen. Die chemische Eigenschaft eines Systems gibt an, was dieses auf andere chemisch bewirkt und wie es selbst dabei verändert wird. Die Realisierung der chemischen Eigenschaften eines Systems im chemischen Prozeß ist unmittelbar an die Veränderung dieses Systems gebunden. Offen bleibt dabei die Frage, ob die Beziehungen innerhalb des Systems Verbindungseinheit auch als *chemische* Eigenschaften aufzufassen sind. Legen wir den Begriff der chemischen Bewegungsform der Materie, so wie ihn LAITKO und SPRUNG formulierten, zugrunde, wonach diese als „widersprüchliche Einheit von Erhaltung der chemischen Elemente und Bildung, Umwandlung und Vernichtung chemischer Verbindungen" [31] gefaßt wird, so sind diese Beziehungen nicht den chemischen Eigenschaften zuzuordnen. Die Strukturzusammenhänge innerhalb einer Verbindungseinheit sind Träger potentieller chemischer Bewegungen. Erst im gedanklichen Übergang von Struktur- zu Bewegungszusammenhängen vollzieht der Chemiker das Aufsteigen zum Geistig-Konkreten. „Nur in dieser Konkretion hat die abstrakte chemische Struktur ... ihren Sinn", betont WEISSBACH [32].

Wird die chemische Qualität einer Substanz (als Makrosystem verstanden) nur aus der Wechselwirkung mit anderen Substanzen realisiert gedacht, so würden intramolekulare Umwandlungen oder chemische Zerfallsprozesse unberücksichtigt bleiben. Dieses Problem erweist sich jedoch als Scheinproblem, wenn die Relativität von System (Substanz) und Teilsystem (Verbindungseinheit) beachtet wird; entscheidend ist das Kriterium der chemischen Bewegungsform.

In der historischen Entwicklung bildeten sich für die Klassifikation chemischer Substanzen u. a. folgende Prinzipien heraus:

— nach der Funktion gegenüber Indikatoren (im weitesten Sinne verstanden);
— nach dem äußeren Erscheinungsbild;
— nach der Zusammensetzung;
— nach der Struktur.

Wie bereits in den vorausgegangenen Darstellungen ausgeführt, erfolgte anfangs die Zuordnung einzelner Substanzen zur Klasse der Säuren oder Basen sowohl nach äußeren Merkmalen (salzartiger Charakter, Flüchtigkeit bei entsprechenden Voraussetzungen) als auch nach Funktionen gegenüber anderen, festgelegten Substanzen (BOYLE). Als LAVOISIER das Vorhandensein von Sauerstoff in einer Substanz als Invarianz für die Klasse „Säuren" festlegte, verfolgte er damit nicht in erster Linie den Zweck des Klassifizierens, sondern der Erklärung des sauren Verhaltens einzelner Stoffe in einer chemischen Reaktion [33]. Er beschritt damit den Weg der Zerlegung eines Ganzen in seine Teile, um daraus auf das Ganze Rückschlüsse zu ziehen. Er folgte jener mechanistischen Vorstellung, nach der das Ganze lediglich durch das Vorhandensein einer Menge von Teilen gegeben ist. Später vereinigte LIEBIG zwei in der bisherigen Entwicklung entstandene Klassifikationsprinzipien, nach der Zusammensetzung und nach der Funktion (durch Metalle ersetzbaren Wasserstoff in Säuren).

ARRHENIUS behielt dieses Prinzip bei, auch wenn er es auf der Grundlage damals neuer wissenschaftlicher Erkenntnisse verwendete. Die ARRHENIUSschen Vorstellungen standen bald im Widerspruch zur empirisch beobachteten Relativität des sauren bzw. basischen Verhaltens chemischer Substanzen. Unter methodologischem Gesichtspunkt wird hier deutlich: Da eine Funktion auf ein Objekt bezogen sein muß, das nicht identisch ist mit dem, das diese Funktion ausübt, erfolgt ein Übergang vom System Substanz zu einem System größeren Umfangs, bestehend aus mehreren Substanzen. Das bedeutet für die Klassifikation, Invarianzen mehrerer Systeme zu bestimmen. Im ersten Fall ist eine Substanz System, im zweiten tritt die gleiche als Teilsystem auf. Daraus resultiert die Widersprüchlichkeit, wenn auf der Grundlage funktioneller Kriterien eine Substanzklassifikation vorgenommen wird. Eine logisch widerspruchsfreie Substanzklassifikation kann nicht in den chemischen Beziehungen der Substanzen zueinander, sondern nur danach erfolgen, daß invariante Merkmale, die in Systemen gleicher Ordnung, in dem System Substanz auftreten, expliziert werden, nicht aber in der Wechselwirkung dieser Systeme.

Für die Substanzklassifikation werden häufig verschiedene Strukturmerkmale verwendet. Wie die chemische Praxis beweist, kann aus der Klassifikation der Substanzen nach ihrer Struktur eine Reihe heuristischer Aussagen bezüglich der Reaktivität getroffen werden, eine eindeutige Zuordnung ist jedoch nicht immer möglich. Der philosophische Strukturbegriff, gefaßt als Gesamtheit der Beziehungen eines Systems in einem bestimmten Zeitintervall [34], kann nicht unmittelbar Grundlage einer Substanzklassifikation sein. Möglich ist nur die Explikation einiger Beziehungen, die weitgehend strukturbestimmend sind. Das sind die durch die chemische Bindung vermittelten Beziehungen der Atome. Die chemische Bindung wirft als klassifikatorisches Merkmal folgende Probleme auf: Erstens sind in den meisten Verbindungseinheiten und damit auch in den Substanzen Bindungen unterschiedlicher Ausprägung vorhanden; und zweitens stellen Bindungstypen Idealisierungen dar, so daß die tatsächliche Bindung für jede Verbindungseinheit anders geartet ist. PAULING bekräftigt diese Aussage noch hinsichtlich eines anderen Aspekts: „Um die Problematik zu verstehen, versuche man einmal festzulegen, was alles zu einer Kohlenstoff-Kohlenstoff-Einfachbindung gehören soll. Man könnte vielleicht Teile — aber welche? — zweier benachbarter Kohlenstoffatome und zwei Elektronen zwischen diesen dazurechnen. Man sieht, wie wenig genau der Begriff der Kohlenstoff-Kohlenstoff-Bindung eigentlich definiert ist" [35]. WOLKENSTEIN umreißt den Zusammenhang zwischen chemischer Bindung und Eigenschaften der Substanzen: „Wenn man streng dem Valenzschema folgt und es formal auffaßt, so ist man gezwungen, ein und derselben Bindung in verschiedenen Molekülen dieselben Eigenschaften zuzuschreiben. Berücksichtigt man nur die Valenzwechselwirkungen, so setzt das die Additivität der chemischen Eigenschaften voraus, d. h., die Eigenschaften ein und derselben Bindung bleiben in verschiedenen Molekülen die gleichen. Die Bindungen sind also autonom, und man kann die Größen, die die Eigenschaften des Moleküls charakterisieren, als Summe derjenigen Größen darstellen, die durch die im Molekül enthaltenen Bindungen bestimmt sind ... Die Addierbarkeit wird jedoch in den besten Fällen (normale Paraffine) nur bis zu einer bestimmten Stufe erfüllt, und bei vielen Stoffen ist sie überhaupt nicht vorhanden" [36].

Die hier aufgeführten Aussagen deuten auch auf die Problematik der Klassifikation der Substanzen bzw. Verbindungseinheiten nach Strukturmerkmalen (Bindungen, Bindungstyp) hin.

Welche allgemeinen Kriterien müßte eine Klassifikation für den hier interessierenden Objektbereich erfüllen? Man könnte folgende Aspekte angeben: Erstens sollte für die betreffende Substanz aus ihrer Klassenzugehörigkeit mit Hilfe weiterer Überlegungen möglichst genaue Aussagen über die zu erwartende Reaktivität bezüglich vorgegebener Reaktionspartner abgeleitet werden können. Zweitens sollte möglichst jede bekannte und auch noch zu entdeckende Substanz ohne zusätzliche Bestimmungen eindeutig einzuordnen sein. Drittens sollten die Merkmale in ihrer Bestimmung leicht zugänglich und damit in ausreichendem Maße praktikabel sein.

Die erste Forderung ist für die chemische Wissenschaft von besonderer Relevanz. Das Problem besteht darin, Merkmale zu explizieren, mit Hilfe derer diese Bedingungen möglichst gut erfüllbar sind. Zunächst steht die allgemeine Frage, ob Substanzen bzw. Verbindungseinheiten nach physikalischen oder chemischen Eigenschaften geordnet werden sollten. Auch im Zusammenhang mit Nomenklaturfragen muß in manchen Fällen über solche Frage entschieden werden. Die von der „Union für Reine und Angewandte Chemie" (IUPAC 1970) herausgegebenen „*Richtsätze für die Nomenklatur der anorganischen Chemie*" lehnen die Bezeichnung nach der Struktur ab, „... da viele Strukturen noch unbekannt oder umstritten sind ...; darum hat sich die Kommission bemüht, ein System aufzustellen, das auf der Zusammensetzung und den wichtigsten Eigenschaften der Stoffe fußt unter möglichster Vermeidung von Wandlungen unterliegenden Gesichtspunkte" [37]. An anderer Stelle heißt es: „Rationelle Namen werden durch die Angabe der Verbindungsteile und ihrer Mengenverhältnisse gebildet" [38]. Bezüglich der Säuren wird formuliert: „Gelegentlich werden auch ‚funktionelle' Benennungen angewandt ... Als Name werden diese aber nicht empfohlen mit Ausnahme des Namens ‚Säure' für Stoffe, die den Charakter von Säuren haben" [39]. — Wie bereits mehrfach betont, ist der saure Charakter einer Substanz eine relative Eigenschaft. Die Kommission ist sich der Inkonsequenz auch bewußt, wenn sie ausführt: „Viele Verbindungen, die heute gemäß manchen Definitionen als Säuren angesprochen werden, fallen nicht in den klassischen Bereich der Säuren. Auf anderen Gebieten der anorganischen Chemie verschwinden mehr und mehr die funktionellen Namen. Eigentlich wäre es am richtigsten, sie auch für Verbindungen abzuschaffen, die man allgemein ‚Säuren' nennt. Die Namen für diese Säuren könnten ... von den Namen der Anionen abgeleitet werden, z. B. ‚Hydrogensulfat' statt ‚Schwefelsäure'. Jedoch ist die heute gebräuchliche Nomenklatur der Säuren im Verlauf einer langen Geschichte zu einer feststehenden Gewohnheit geworden, daß es unmöglich ist, ohne drastische Änderung der Namen vieler wichtiger und altbekannter Verbindungen die Bezeichnung der Säuren in ein strenges System zu bringen" [40].

Abgesehen davon, daß „überholte" Erkenntnisse im Begriffssystem einer Wissenschaft gewissermaßen überdauern (das ist nicht mit der intensionalen und extensionalen Begriffsentwicklung in der Wissenschaft gleichzusetzen), tritt aus dem hier Dargelegten folgendes dialektisches Moment zutage: Die Merkmale für die Bezeichnung der Substanzen müssen unabhängig von ihrer chemischen Bewegung bestimmt werden, um logisch widerspruchsfrei auf das Verhalten der Substanzen im chemischen Prozeß schließen zu können. Diese Erkenntnis ist auf die Fixierung von Substanzklassen übertragbar. Offen bleibt jedoch die grundsätzliche Frage, welche allgemeinen Eigenschaften bzw. Eigenschaftskomplexe als klassifikatorische Merkmale Anwendung finden sollten. Faktoren der Bewertung und Wichtung spielen hier eine entscheidende Rolle, die selbst wiederum vom erreichten Erkenntnisniveau abhängen, also veränderlich sind. — Probleme, die aus gegenwärtiger Sicht mit dem allgemeinen Merkmal Struktur (= Bindungstyp) verbunden sind, wurden bereits diskutiert; betrachten wir noch andere Standpunkte: PÄLIKE meint zu dem hier aufgeworfenen Problem: „Würde man ... die Klassifikation der Substanzen nur auf der Grundlage ihrer physikalischen Eigenschaften vornehmen, dann würde man eben nur ihre physikalische Existenz berücksichtigen, aber die chemischen Eigenschaften außer acht lassen. Eine den Substanzen wirklich entsprechende Charakteristik muß die Einheit von physikalischen und chemischen Eigenschaften berücksichtigen. Man könnte vielleicht diese Einheit auffassen als eine kausal determinierte Zuordnung eines Maximums an konkreten chemischen Eigenschaften zu einem Minimum an physikalischen Eigenschaften" [41]. In der gleichen Arbeit verweist der Verfasser darauf: „Wollte man eine Klassifikation der Substanzen nur auf der Grundlage ihrer chemischen Eigenschaften durchführen, so müßte jeder Stoff entweder eine eigene Klasse bilden oder alle Stoffe würden in ein und dieselbe Klasse fallen" [42]. Aus der letzten Aussage, der voll zuzustimmen ist und der ersteren zu schlußfolgern, daß man „diese extreme Konsequenz vermeiden (kann), wenn man annimmt, daß die chemischen Eigenschaften einer Substanz die Durchschnittsmenge aller möglichen Eigenschaften sind, die die betreffende Substanz in ihren chemischen Reaktionen offenbart" [43], stößt das, wie schon erörtert, aufgrund der Relativität chemischer Eigenschaften in der Praxis auf unüberwindliche Schwierigkeiten, so daß eine hinreichende Orientierung nicht gegeben ist. Das Beispiel der Klasse Säuren demonstriert das deutlich.

SCHWARZENBACH [44] schlägt vor, die Substanzen nach phänomenologischen Eigenschaften zu klassifizieren. In einer graphischen Übersicht erscheinen an den Eckpunkten eines Quadrates idealisierte Substanzen: Metall, Salz, diamantartiger Stoff und flüchtiger Stoff. Die Zuordnung einer jeweiligen Substanz ergibt sich auf den Seitenlinien bzw. auf den Diagonalen entsprechend der Abweichung von den idealisierten Grundtypen. Diese interessanten Überlegungen, die eine Reihe heuristischer Aussagen über das chemische Verhalten der Substanzen in konkreten Fällen ermöglichen, haben den Nachteil, daß diese die Kenntnis des Platzes einer Substanz innerhalb des Quadrats zur Voraussetzung haben. Die ungeheure Substanzenvielfalt erschwert hier die praktische Nutzung. Des weiteren ist das makroskopische Erscheinungsbild verschiedener Substanzen von äußeren Bedingungen, wie Druck und Temperatur häufig in sehr engen Grenzen abhängig. Bemerkenswert ist, daß die chemischen Eigenschaften in diese Überlegungen primär nicht einbezogen sind; es werden physikalische Eigenschaften herangezogen, von denen ausgehend auf chemisches Verhalten geschlossen wird. – Es kann nicht darum gehen, grundsätzlich in allen Fragen von der Physik oder anderen Wissenschaften Abgrenzungen zu treffen. Keine Wissenschaft kann so autark sein, daß sie nicht Erkenntnisse aus anderen Bereichen zur Ergänzung nötig hätte.

Wir vertreten die Auffassung, daß nur solche Eigenschaften der Substanzen bzw. Verbindungseinheiten als klassifikatorische Merkmale hervorgehoben werden sollten, die systemimmanent sind, d. h., die unabhängig von anderen chemischen Systemen fixierbar sind und die sich als ausreichend stabil gegenüber äußeren Einflüssen erweisen. Da Substanzen als von den Einflüssen der Umwelt unabhängige Systeme *gedacht* werden, erfolgt hier eine Idealisierung. Deshalb muß die Untersuchung dahingehend abzielen, Merkmale zu finden, die sich zumindest für das System „Verbindungseinheit "(„Baueinheit") solange als stabil erweisen, wie dieses System keinen chemischen Prozeß durchläuft. Auch das stellt nur eine Annäherung dar, da empirisch hinreichend belegt ist, daß die Grenze zwischen relativer Stabilität und chemischer Veränderung fließend ist. Die Beziehungen (chemische Bindung) zwischen den (chemischen) Elementen eines Systems sind häufig uneinheitlich und stark von den äußeren Einflüssen abhängig. Man denke nur an die von Druck und Temperatur abhängigen Aggregatzustände des Wassers. (Wasserstoffbrückenbindungen sind nur in der flüssigen und festen Phase existent, die Cluster werden bei höheren Temperaturen gesprengt.) Das eigentlich Beständige gegenüber solchen Einflüssen ist die *Zusammensetzung* der *Verbindungseinheiten*, Veränderungen erfolgen erst beim Übergang zum chemischen Prozeß. Mit dem Begriff der Zusammensetzung erfaßt der Chemiker zunächst nur die eine Verbindungseinheit (und auch Substanz) aufbauenden chemischen Elemente (= Systemelemente). Jedoch ist aufgrund der Isomerie nicht immer eine eindeutige Bestimmung und folglich auch Zuordnung einer Substanz bzw. Verbindungseinheit in Klassen möglich. Es müssen auch einige Strukturmerkmale herangezogen werden. Relativ stabil ist in einer Verbindungseinheit (Baueinheit) die räumliche Zuordnung der Elemente. So kann nun unter dem Begriff der Zusammensetzung einer Verbindungseinheit, die sie aufbauenden chemischen Elemente, die räumliche Zuordnung zueinander und ihre Mengenverhältnisse subsumiert werden.

Selbstverständlich gibt die Zusammensetzung keine direkte Auskunft über die Eigenschaften einer Substanz, ähnlich, wie die Atommasse (Protonenzahl) und die Stellung eines Elements im Periodensystem der Elemente das nicht direkt aussagt. Mit relativ leicht zugänglichen Daten, wie die Elektronegativitätsdifferenzen zwischen den Atomen, oder genauer mit quantenmechanischen Berechnungen bzw. Abschätzungen u. a. m. kann auf die spezifische Bindung(en) geschlossen werden. Damit werden einzelne Strukturmerkmale zugänglich, die bezüglich der Reaktivität einer betreffenden Substanz in einem bestimmten chemischen Prozeß Aussagen gestatten.

Die Zusammensetzung spiegelt abstrakte Zusammenhänge wider. Die Konkretion erwächst erst aus der gedanklichen Synthese, die der Chemiker beim Übergang von der Substanz- zur Prozeßbetrachtung vollzieht. Eine mechanistische Interpretation: Zusammensetzung — Reaktivität wird sich immer als untauglich erweisen. Auch den umgekehrten Weg, vom Prozeß zur Zusammensetzung muß — vor allem der Analytiker — häufig gehen. Es gehört fast zur Routineangelegenheit in der Chemie, die sich wechselseitig bedingenden Aspekte der Zusammensetzung und des chemischen Prozesses als widersprüchliche Einheit zu erfassen. Erst im Rahmen dieser Einheit erhält eine Klassifikation ihren Sinn und ihre Bedeutung.

Ähnliche Probleme, wie bei der Erfassung der Substanzklassen treten auch bei der Bestimmung von chemischen Systemen auf, die in chemischer Wechselwirkung befindlich sind. Auch hier geht es darum zu entscheiden, welche Merkmale Grundlage einer Typisierung sein sollten. Im Entwicklungsverlauf der chemischen Wissenschaft wurde hier eine Vielzahl herausgebildet. So wurde beispielsweise — um hier nur eine Auswahl zu treffen — in der anorganischen Chemie typisiert nach [45]:

- der Art der am chemischen Prozeß beteiligten Teilchen (Ionen, Moleküle, Radikale);
- dem Aggregatzustand, in dem sich die Reaktanten oder/und die Endprodukte befinden (Gasreaktion, Prozesse in Lösungen, Feststoffumsetzungen);
- den entstehenden Stoffen (Salz-, Gasentwicklungs-, Säure-, Basebildungsreaktion u. a. m.);
- der Energieart, die zur Auslösung des chemischen Prozesses verwendet wird (photochemische, elektrochemische Reaktion usw.);
- der Art des einwirkenden Agens (Hydrolyse, Ammonolyse usw.);
- den reagierenden Substanzen (Säure-Basereaktion im Sinne von Arrhenius);
- dem Übergang eines Teilchens innerhalb eines ablaufenden Prozesses (Säure-Basereaktion: nach Brönsted — Proton; nach Lewis — Elektronen; nach Ussanowitsch — Kationen, Anionen, Elektronen; nach Pearson — Liganden. Redoxreaktionen: „klassische“ Theorie — Sauerstoff, moderne Theorie — tatsächlicher bzw. durch veränderte Oxydationsstufen „gedachter“ Übergang von Elektronen).

Bereits aus dieser unvollständigen Aufzählung resultiert, daß viele gleichartige Prozesse unterschiedlichen Prozeßtypen zugeordnet werden können.

So besteht beispielsweise die Möglichkeit, die Reaktion

$$\underset{(g)}{H_2} + \underset{(g)}{Cl_2} \xrightarrow{h\nu} \underset{(g)}{2\,HCl}$$

als eine Gasreaktion, Redox-, Säurebildungs-, oder photochemische Reaktion zu bestimmen. Insbesondere für die Lehre, wie auch für die chemische Praxis im umfassenden Sinne, sind die hier anzutreffenden Überschneidungen und die unter verschiedensten Gesichtspunkten erfaßbaren Prozeßklassen sicher nicht immer vorteilhaft. Es hat deshalb nicht an Versuchen zur Schaffung einer einheitlichen Typologie der chemischen Prozesse gefehlt, von denen sich jedoch keine bisher hinreichend durchsetzte. Ein Blick auf die Entwicklung anderer Wissenschaften zeigt die zunehmende Tendenz, immer mehr einzelne, unterschiedliche Sachverhalte unter gemeinsamen Gesichtspunkten zu erfassen. Die Rückführung auf einige, wenige Prinzipien in einer Wissenschaft ist nicht nur eine Frage der Praktikabilität des theoretischen Wissens, sondern mit ihr geht ein Prozeß einer tieferen Durchdringung einher. Die Physik ist hierfür ein Beispiel. Da der Hauptgegenstand der Chemie die *chemische Veränderung* von Substanzen ist, ist für die Weiterentwicklung dieser Wissenschaft die Schaffung und Anwendung möglichst einheitlicher theoretischer Voraussetzungen zur chemischen Prozeßanalyse und daraus folgend, der Erfassung in Prozeßklassen, bedeutungsvoll. Der von Fitz [46] gelieferte Ansatz für die Konvergenz von Säure-Base-Reaktion, nucleophiler Substitutionsreaktion und Redoxreaktionen (vgl. Kap. 2.2.) könnte die Richtung der zukünftigen Entwicklung andeuten. Die hiervon ausgehenden Impulse bedürfen der dialektischen Verarbeitung aller damit zusammenhängenden chemischen Fragen. Hierfür vermag die Philosophie einen Beitrag zu leisten, indem sie aus der bisherigen Wissenschaftsentwicklung verallgemeinertes Wissen von heuristischem Wert liefert; jedoch wird die Fachwissenschaft in jeder konkreten Einzelfrage die Lösung selbst herbeiführen müssen.

### *3.1.2. Objektive Widersprüche zwischen Säuren und Basen und der Prozeß ihrer theoretischen Widerspiegelung*

Lenin schreibt in „*Materialismus und Empiriokritizismus*“: „Die Anerkennung der Theorie als Abbild, als annähernde Kopie der objektiven Realität — darin eben besteht der Materialismus“ [47]. Eine vom materialistischen Standpunkt herangehende Untersuchung eines Teilbereiches der Wissenschaftsentwicklung beschäftigt sich mit dem Inhalt der Widerspiegelungen der außerhalb und unabhängig vom Bewußtsein existierenden objektiven Realität.

Gegenstand der Untersuchung in diesem Abschnitt soll die Herausschälung dialektischer Züge des Abbilds über objektive Beziehungen zwischen Säuren und Basen sein.

Wie schon gezeigt wurde, sind die Begriffe der Säure und Base unabhängig voneinander entstanden, jedoch wurde spätestens im 17. Jahrhundert Gegensätzliches beider Substanzgruppen erkannt. Es fand seinen Ausdruck in der Formulierung, danach sich typische Eigenschaften von Säuren und Basen in gemeinsamer Reaktion aufheben (Neutralisation). Im allgemeinen Verständnis jener Zeit sind aber Säuren und Basen Substanzklassen, die mit Ausnahme der Neutralisation keine Beziehungen miteinander aufweisen. Die Reaktion einer Säure mit einer Base ist ein typisches Merkmal der jeweiligen Klasse. Dieses Merkmal zeigt Gegensätzliches, das sich im Verhalten der Substanzen *zueinander* offenbart. Die anderen Merkmale sind nicht zwischen beiden Substanzklassen vermittelt.

Philosophisch betrachtet haben wir auf dieser Stufe der theoretischen Widerspiegelung über Säuren und Basen sowohl Unterschiede als auch Gegensätze. Soweit Säuren und Basen in einem Merkmal einander antagonistisch gegenüberstehend reflektiert werden, zeigt sich Gegensätzliches. Bezüglich der übrigen Merkmale sind es Unterschiede. Die Feststellung von Unterschieden hat rein analytischen Charakter, Gegensätze tragen darüber hinaus das Moment der Synthese, nämlich das der Entgegensetzung. Das „Fassen des Entgegengesetzten in seiner Einheit", das von LENIN als das „Dialektische" charakterisiert wird [48], fehlt auf der hier betrachteten Entwicklungsstufe. Lenin zeigt, daß bei einer solchen Konzeption, wo nur die Entgegensetzung erfolgt, die Selbstbewegung, die treibende Kraft dieses Verhältnisses im Dunkeln bleibt. Anders formuliert bedeutet das, daß die Synthese in Form der Entgegensetzung, die Bewegung, die gegenseitige Beeinflussung und wechselseitige Bedingtheit ausschließt.

Die Entwicklung der theoretischen Reflexionen über Säuren und Basen läßt sich in drei Stufen zusammenfassen: Die erste besteht in der Feststellung von Unterschieden zwischen den bis dahin bekannten Substanzen. Diese erste Stufe bildet eine Einheit, bestehend aus der Isolierung einzelner Merkmale und des Zusammenfügens zu Substanzklassen. Die zweite Stufe besteht in der Hervorhebung von Gegensätzen bezüglich eines anderen Systems (beispielsweise zu Lackmus) für beide Substanzgruppen. Sie wird ergänzt durch das einander ausschließende chemische Verhalten von Säuren und Basen. Erst auf der dritten Stufe werden Säuren und Basen als sich *wechselseitig bedingende* Gegensätze einer *Einheit* abgebildet.

Die Gemeinsamkeit der ersten und zweiten Stufe besteht in der Fixierung von Unterschieden zwischen Säuren und Basen. Die Darstellung widersprüchlicher Beziehungen zwischen Säuren und Basen beschränkt sich auf die Neutralisation. Die Wurzel dieser Erscheinung ist in der Art und Weise des erörterten Abstraktionsvorgangs bei der Klassenbildung zu suchen.

Jedoch bleibt Widersprüchliches auch in den Substanzklassen erhalten, da eine solche Klasse stets Einheitliches und Verschiedenes enthält. Das ist natürlich nur zutreffend, wenn die betreffende Klasse aus mehr als einem Vertreter besteht. Das bedeutet aber, daß gleichzeitig mit dem Ausschluß des Widerspruchs durch das Abstrahieren sein Einschluß erfolgt. Da aber von Letzterem „abgesehen" wird und nur das durch die Abstraktion Hervorgehobene weiterhin betrachtet wird, erscheint eine Klasse als widerspruchsfrei. Die Widersprüchlichkeit zwischen den Klassen widerspiegelt dann ein Moment, einen Ausschnitt der in der Realität existierenden Widersprüche.

In unserem Fall werden am Anfang Substanzklassen (Säuren und Basen) entgegengesetzt, doch die Widersprüche nicht aus ihrer *Bewegung miteinander* abgeleitet. Die Bewegung der einzelnen real existierenden Substanzen gegenüber Kreide, Pflanzenfarbstoffen u. a. m. führt zu bestimmten Erscheinungen, die die Invarianzen für die Klassenbildung liefern. Doch innerhalb der Klasse wird von der Bewegung der einzelnen Säure bzw. Base „abgesehen".

Die in der Realität verlaufende Reaktion zwischen Säuren und Basen wurde schon in historisch früher Zeit als Zusammenhang dargestellt: *Säure* + *Base* → *Salz* (Glauber, 1604—1668).

Die Gleichung ist allgemeiner Ausdruck der beobachteten Erscheinungen, doch nicht der Bewegung, sondern eines gesetzmäßigen Zusammenhangs zwischen drei Substanzklassen. Wir haben es hier mit einem scheinbaren Paradoxon zu tun: Die Gleichung ist Ausdruck der chemischen Wechselwirkung zwischen Säuren und Basen und schließt anderweitig die Bewegung aus. Dieser logische Widerspruch ist „die Frucht der bei der Beschreibung der Bewegung unausweichlich entstehenden Einseitigkeit der Aufgliederung der Bewegung in Bestandteile und der folgenden Fixierung dieser Elemente mittels idealisierender Abstraktion" [49]. Völlig im Dunkeln bleibt die Frage nach den inneren Widersprüchen der Bewegung, die zu dem hier betrachteten Zeitpunkt noch nicht durch die Theorie beantwortet wird.

Ein anderes Bild ergibt sich in der folgenden Periode, die u. a. durch Becher, Stahl und Lavoisier repräsentiert wird. Für sie ist charakteristisch, daß die Klassenbildung auf der Grundlage von „acidifizierenden Stoffen" erfolgt. (Vgl. Kap. 2.1.) Mit dem Ausschluß funktioneller Kriterien für die Klassenfestlegung geht das eine Merkmal, welches Säuren und Basen miteinander verbindet, verloren. Das heißt jedoch nicht, daß der Fakt der Neutralisation als Gegensätzlichkeit zwischen Säuren und Basen dem Wissen jener Zeit entfällt. Das theoretische Konzept für die Erklärung des sauren bzw. basischen Verhaltens einzelner Substanzen aufgrund eines mechanistischen Zusammenhangs zwischen Zusammensetzung und Eigenschaften konnte die Gegensätze zwischen Säuren und Basen nicht erfassen. Säuren und Basen sind danach konträre Begriffe, die dem Satz des ausgeschlossenen Widerspruchs unterliegen, demzufolge eine Substanz unmöglich in chemischen Prozessen Säure als auch Base sein kann.

Die gedankliche Gleichsetzung der Qualität „sauer" mit der Zugehörigkeit zur Klasse der Säuren erzeugte logische Widersprüche, die im 19. Jahrhundert immer stärker ins Bewußtsein der Chemiker rückten.

Eine materialistische Analyse der Widersprüche muß zwischen den Widersprüchen der Erkenntnis und der Erkenntnisobjekte unterscheiden. Hier handelt es sich um einen logischen Widerspruch, der aus der Relativität der Eigenschaften „sauer" bzw. „basisch" und deren Nutzung für Substanzbezeichnungen resultiert. Die objektiv-real existierenden Widersprüche zwischen den Erkenntnisobjekten kommen in ihrer theoretischen Entgegensetzung zum Ausdruck, während es sich bei Widersprüchen der Erkenntnis darum handelt, daß theoretische Aussagen mit praktischen Befunden nicht übereinstimmen. Doch zeigt die Wissenschaftsgeschichte, daß das Auffinden logischer Widersprüche und der Versuch ihrer Eliminierung zur Aufdeckung dialektischer Widersprüche führen *kann.* Ein viel zitiertes Beispiel ist dafür der Teilchen-Welle-Dualismus in der physikalischen Erkenntnis.

Die im Zusammenhang mit der Amphoterie aufgetretenen logischen Widersprüche zwischen Säuren und Basen wurden von Berzelius ausgehend, in Gestalt der Theorien von Brönsted, Lewis, Ussanowitsch und Pearson gelöst.

Es ist in diesem Zusammenhang interessant, daß Hegel, dessen Bedeutung vor allem in der Ausbildung der dialektischen Methode liegt, den Kern des Berzeliusschen Gedankens (der damals durchaus nicht von allen Chemikern geteilt wurde) aufgreift und in der „*Encyclopädie*" philosophisch verallgemeinert ausspricht: „Das so Differente ist seinem Anderen schlechthin entgegengesetzt, und dies ist seine Qualität, so daß es wesentlich nur ist in seiner Beziehung auf dies Andere, seine Körperlichkeit in selbständiger getrennter Existenz daher nur ein gewaltsamer Zustand, und es in seiner Einseitigkeit an ihm selbst der Prozeß ... ist, sich mit dem Negativen seiner identisch zu setzen." [50].

Formalisiert kann die von Berzelius erstmals entwickelte und in den modernen Theorien dialektisch aufgehobene Grundkonzeption der Säure-Base-Widerspiegelungen so dargestellt werden:

$$Base_1 + Säure_2 \rightleftharpoons Säure_1 + Base_2$$

(Dabei muß berücksichtigt werden, daß ein Säure-Base-Paar in chemischen Gleichungen in einer Verbindungseinheit wiedergegeben werden kann) Säuren und Basen *bedingen einander* und *schließen einander aus,* indem sie innerhalb eines chemischen Systems *wechselseitig aufeinander einwirken.* Diese Form der theoretischen Widerspiegelung entsprach immer wieder erneut den aufgefundenen objektiv-dialektischen Beziehungen im Säure-Base-Prozeß. Wie der verwickelte historische Werdegang zu erkennen gab, wurde dieses Abbild nicht als einfache Kopie der Wirklichkeit gewonnen. Es bedurfte dazu dialektischen Denkens. Die in dem Zusammenhang zwangsläufig ergebene Relativierung der Begriffe „Säure" und „Base" ist die Folge der Einbeziehung in ein qualitativ neues theoretisches System.

Die bei den modernen Säure-Base-Theorien vollzogene dialektische Synthese „vermittelt" nicht zwischen den Seiten des Widerspruchs, sondern stellt den Widerspruch als Resultat der chemischen Bewegung dar, durch die sowohl die eine als auch die andere Seite auf unterschiedliche Weise negiert wird.

Nach BRÖNSTED verliert die *Säure 1* in der Bewegung den Status des Protonendonators, während bei *Base 2* der Status des Protonenakzeptors verschwindet, was aber nicht heißt, daß Base und Säure „vernichtet" werden. Beide Seiten werden spezifisch negiert. Die Lösung des dialektischen Widerspruchs besteht also weder in der Vernichtung eines seiner Teile noch in einer immer stärkeren Annäherung.

Wenn hier die philosophische Analyse zum Ergebnis gelangt, daß moderne Säure-Base-Theorien ein Abbild objektiver dialektisch-widersprüchlicher Beziehungen sind, und weiterhin gezeigt wurde, daß auf diesem engen Fachgebiet die Dialektik — wie es ENGELS ausdrückte — ihre Triumphe feiert, so muß doch vor einigen möglichen kurzschlüssigen Folgerungen gewarnt werden: Die Dialektik ist weder ein Denkschema noch ein Ordnungsschema, dem sich die Natur unterordnet, auch dann, wenn ein hervorgehobener Aspekt, der verständlicherweise andere unberücksichtigt läßt, diese Folgerung scheinbar aufdrängt. Einen Gegenstand oder eine Erscheinung dialektisch betrachten heißt, deren Struktur in der Vielfalt der Beziehungen möglichst allseitig aufzudecken. Die hier betrachteten Beziehungen im Säure-Base-Prozeß spiegeln nur wenige Seiten aus der unerschöpflichen Fülle objektiver Beziehungen wider. Unterschiedliche Theorien mit einer gleichen Grundstruktur verweisen darauf. (BRÖNSTED, LEWIS, USSANOWITSCH, PEARSON u. a.) Dialektische Momente in der Wirklichkeit zu entdecken und im theoretischen Abbild widerzuspiegeln ist ein wissenschaftlicher Erfolg, aber trotzdem nur eine Etappe in der Annäherung unseres Abbildes an die Wirklichkeit ohne eine totale Widerspiegelung jemals zu erreichen. Mit dem Abbild dialektischer Züge eines Gegenstandbereiches ist nicht der Abschluß einer Theorie erreicht. Der gegenwärtige Stand der Säure-Base-Theorie zeigt das deutlich.

### *3.1.3. Dialektische Beziehungen zwischen chemischer Struktur, chemischer Reaktion und chemischem Prozeß*

Chemische Struktur und chemische Reaktion sind Knotenbegriffe im chemischen Denken. Bereits in den vorangegangenen Abschnitten wurde wiederholt deutlich, daß gerade für die Chemie die Aufklärung des Zusammenhangs zwischen der chemischen Struktur und der chemischen Reaktion äußerst bedeutsam ist und immer wieder ein Kernpunkt der Überlegungen darstellt. Wenden wir uns — bevor wir auf Zusammenhänge näher eingehen — zunächst der jeweiligen Seite im einzelnen zu.

Es muß zwischen dem *chemischen* Strukturbegriff und dem aus sehr umfassenden Verallgemeinerungen hervorgegangenen *philosophischen* Strukturbegriff unterschieden werden. Das bedeutet, daß der Begriff „chemische Struktur" Einzelnes des allgemeineren Strukturbegriffs enthält. In der Gegenwart ist die Tatsache zu verzeichnen, daß es weder eine umfassende Übereinkunft über einen chemischen noch über einen philosophischen Strukturbegriff gibt. Selbst in der marxistischen Literatur werden Unterschiede deutlich: Es werden darunter die Gesamtheit der Beziehungen zwischen den Elementen eines Systems in einem Zeitintervall, oder nur ausgewählte Invarianzen zwischen den Systemelementen verstanden.

Gehen wir von der unendlichen Vielfalt der materiellen Beziehungen in der objektiven Realität aus, so wird diese nur in einem möglichst weiten Strukturbegriff widergespiegelt. Das bedeutet, die Gesamtheit aller Beziehungen in einem Zeitintervall der Struktur zuzuordnen. Die Reduktion auf einige wesentliche Beziehungen ließen Struktur- und Gesetzesbegriff ineinander übergehen [51]. Beschreiben wir jedoch beispielsweise die Struktur einer Verbindungseinheit, so können nur einige wenige — also die als wesentlich erkannten Beziehungen — reflektiert werden. Die Geschichte chemischen Strukturdenkens beweist, daß die Erkenntnis des Wesens chemischer Strukturen vielfältigen Wandlungen unterlag und sicher noch weiterhin Veränderungen erfahren wird [52]. Der „engere" philosophische Strukturbegriff bedarf also mit jeder neuen Erkenntnis einer Veränderung; wohingegen ein weitgefaßterer allgemein genug ist, um alle vorhandenen und noch zu erwartenden Erkenntnisse über die Beziehungen in Systemen widerzuspiegeln. Die Unerschöpflichkeit objektiver Beziehungen ist dann begriffsimmanent.

Die Differenzierung objektiver Systembeziehungen im menschlichen Denken kommt u. a. durch solche Bezeichnungen, wie „chemische Struktur", „physikalische Struktur" u. a. m. zum Ausdruck. Ihrem Wesen nach sind solche Strukturen abstrakter Natur, da sie bestimmte Beziehungen aus der objektiv-realen Mannigfaltigkeit hervorheben. Abstrakte Strukturen können

Grundlage eines Modells sein, das der Theoriebildung sowie ihrer Veranschaulichung dient. Die Herausbildung von Strukturvorstellungen über chemische Objekte und die damit verbundene Schaffung verschiedener Modelle ist ein historischer Prozeß. Dieser reicht von der Zusammensetzung der Substanzen, zur räumlichen Zuordnung der chemischen Elemente bis zu einem Strukturbegriff, der dynamische Aspekte einschließt. Das Allgemeine findet sich im Einzelnen in den Strukturmodellen der Säuren und Basen wieder. Für eine nähere Charakterisierung müssen wir zwischen synchronen und diachronen Strukturabbildungen unterscheiden und in ihren Beziehungen untersuchen. Das Synchrone fixiert die Struktur eines Objekts unter dem Aspekt der Nichtbewegung in Absehung von der zeitlichen Veränderung [53]. Synchronisch sind der vorgefundene und der Endzustand, diachronisch ist der materielle Prozeß. Die gleichen Sachverhalte werden häufig auch mit den Begriffen „Struktur-" und „Bewegungszusammenhang" widergespiegelt.

Jede Substanzuntersuchung, die zum Ziel hat, innere Beziehungen im Gefüge dieses Systems zu finden, liefert ein synchrones Strukturbild. Diese ist sozusagen ein ruhiges Abbild der Erscheinungen, doch unter *Einschluß* der *Bewegung*, durch die diese Struktur erst verwirklicht wird. So ist bekanntlich das kristalline Gefüge des Kochsalzes an ein bestimmtes Ausmaß der Bewegung der es aufbauenden Ionen geknüpft. Struktur und Bewegung sind also nicht absolut voneinander zu trennen.

Synchrone Strukturen können innerhalb eines Maßes schwanken, ohne daß die Identität einer Verbindungseinheit verlorengeht. Erst über dieses Maß hinausgehende Veränderungen führen zu einem qualitativen Sprung, zur grundlegenden Veränderung des Systems. Die damit einhergehende Zerstörung des „alten" Systems beinhaltet gleichzeitig die Synthese zu einem neuen. Dieser Vorgang wird in der Chemie als chemische Bewegungsform, chemischer Prozeß bzw. als chemische Reaktion bezeichnet.

Strukturmodelle, die über Säuren und Basen im Laufe der historischen Entwicklung entworfen wurden, sind sowohl solche, die den synchronen Aspekt als auch solche, die den diachronen Aspekt besonders hervorheben. In den verschiedenen Bildern über Säuren und Basen zeichnet sich ein Weg von verselbständigten, nur einseitig betrachteten diachronen und synchronen Strukturvorstellungen bis zur dialektischen Einheit beider Aspekte ab. Ein Beispiel für die Darstellung „reiner" Prozeßstrukturen sind die Äußerungen Boyles, — Lavoisiers Erkenntnisse dagegen reflektieren besonders die synchrone Struktur der Säuren. Boyle erfaßte Säuren und Basen in bezug auf Veränderungen, die sie bewirken und z. T. auch solche, die an ihnen bewirkt werden. Der diachrone Aspekt gibt also die Beziehungen im Nacheinander wieder. — Lavoisier dagegen geht von den Bestandteilen in ihren Nebeneinander aus. Die Verbindung diachroner und synchroner Strukturaspekte zu einer sich wechselseitig bedingenden Einheit erfolgte in den modernen Theorien (Brönsted, Lewis, Ussanowitsch, Pearson). In der Fachliteratur wird dieser Sachverhalt durch den Hinweis auf den unabdingbaren Zusammenhang konstitutioneller (synchrone Strukturen) *und* funktioneller Merkmale von Säuren und Basen reflektiert.

Das Verhältnis synchroner und diachroner Strukturabbilder bedarf jedoch noch einer weitergehenden Untersuchung. Auch die Theorie von Arrhenius widerspiegelt strukturelle (synchrone) als auch Prozeßmerkmale. Für Säuren bezieht sich das auf das Vorhandensein von Wasserstoff und dessen Abspaltung als Proton in wäßriger Lösung. Letzteres widerspiegelt eine Funktion im System „Wasser" und bezieht sich *allein* auf die Veränderung des Systems „Säure", Brönsted beispielsweise erfaßt dagegen die Veränderung der Säure in Einheit mit der Veränderung der Base. Im chemischen Prozeß zwischen Säuren und Basen erfolgt ein wechselseitiges Bewirken und Bewirktwerden von Säuren und Basen; die Struktur des Prozesses ist unmittelbar an die Dynamik der Substanzstrukturen gebunden. Es ist ersichtlich, daß das Abbild einer Substanzfunktion innerhalb eines chemischen Prozesses nicht mit der diachronen Struktur dieses Prozesses identisch ist. Nur wenn die Funktion eines *Teil*systems (Säure oder Base) innerhalb des Gesamtsystems reflektiert wird, werden einzelne Seiten der Strukturbeziehungen, die zwischen Säuren und Basen existieren, widergespiegelt.

Diachrone Strukturen sind das Abbild der Veränderung, Bildung und Vernichtung von Teilsystemen zu neuen Teilsystemen innerhalb eines Gesamtsystems. Sie sind das Abbild der Struktur eines Prozesses. Dieses Abbild wird aber erst über die Darstellung einzelner synchroner Bilder ermöglicht. Die Prozeßstruktur ist eine Resultante aus der (synchronen) Ausgangsstruktur der Reaktanten und den Bedingungen, denen sie unterstellt werden. Die Kenntnis der Struktur einer Verbindungseinheit (synchroner Aspekt) ermöglicht sowohl Grenzen als auch Möglichkeiten eines konkreten chemischen Prozesses unter bestimmten Bedingungen abzuschätzen (diachroner Aspekt). Die Verwirklichung der Möglichkeiten ist in ihrem Inhalt diachronisch, wobei die synchronen Strukturen der Ausgangssysteme zu anderen synchronen Strukturen verändert werden. Die Bewegung bleibt dabei insofern übergreifendes Moment, als das sie in diachrone und synchrone Strukturen eingeschlossen ist. Der chemische Prozeß ist nur *ein* Ausdruck der Bewegung. Die (relative) Ruhe chemischer Systeme wird bekanntlich über einen dynamischen Gleichgewichtszustand realisiert.

Das wichtigste Ziel der chemischen Wissenschaft ist es letztlich immer, ein Abbild darüber zu erhalten, wie gegebene Substanzstrukturen in andere umgewandelt werden können. Ausgangspunkt dafür sind die Strukturen der Substanzen in der relativen Ruhe. Das ist aber nur der erste Schritt. Hückel meint dazu: „Mit der Kenntnis der Struktur ... der Stoffe ist die Aufgabe der Chemie nicht erschöpft. Sie ist vielmehr erst Grundlage, auf der sich ein Verständnis für das Reaktionsvermögen der Stoffe gewinnen läßt“ [54]. Die Kenntnis wichtiger Parameter der synchronen Strukturen von Verbindungseinheiten ermöglicht dem theoretischen Denken, über einen potentiellen Prozeßverlauf ein Möglichkeitsfeld abzustecken. Dabei ist jedoch zu berücksichtigen, daß „keine Isomerie, kein eindeutig umkehrbarer Zusammenhang zwischen der inneren Verhaltensweise (Struktur) und der äußeren Verhaltensweise (Funktion) des Systems“ existiert [55]. Ob beispielsweise die Verbindungseinheit, die durch die Formel $CH_3COOH$ widergespiegelt wird, im chemischen Prozeß Strukturveränderungen erleidet und Wirkungen hervorbringt, die auf den Charakter einer Säure hinweisen, ist nicht allein aus ihrer Struktur ersichtlich. Eine Voraussage ist erst dann möglich, wenn diese als Teilsystem in ein Gesamtsystem (Essigsäure plus Reaktionspartner innerhalb eines gegebenen Bedingungsgefüges) gedanklich integriert wird und die Gesetzmäßigkeiten dieses Systems bekannt sind. Das erst erlaubt die Ermittlung zukünftiger Strukturen von Teilsystemen, vermittelt über die diachronische Struktur des Prozesses. Aussagen über zu erhaltene Strukturen sind also nur in der dialektischen Einheit diachroner und synchroner Strukturabbilder möglich. Erkenntnistheoretisch wichtig ist es in dem Zusammenhang zu betonen, daß die abgebildeten Strukturen abgehobene Seiten der Wirklichkeit sind, also Abstrakta. Das Aufsteigen zum Konkreten erfolgt im menschlichen Denken im Zusammenfügen beider Seiten. Auf diese Weise wird die subjektive Dialektik der Dialektik objektiven Geschehens angenähert. Als Abbildformen fungieren Modelle, Theorien u. a. m.

Die verschiedenen Säure-Base-Modelle von Brönsted, Lewis, Ussanowitsch und Pearson sind durch korrespondierende Teile gekennzeichnet, zwischen denen Teilchenübergänge erfolgen.

Die jeweiligen Modelle sind das Ergebnis eines Abbildes bestimmter ausgewählter Veränderungen an Verbindungseinheiten in Einheit mit dem Entwurf eines darauf basierenden Zusammenhangs, der in der Theorie seine Formulierung findet. Das jeweilige Modell bildet nur wesentliche Seiten der Theorie ab; es stellt hier eine Art Kurzform der Theorie dar. *Säure*$_1$, *Säure*$_2$, *Base*$_1$ und *Base*$_2$ sind gewissermaßen Momentaufnahmen des Prozesses. Dadurch wird im Abbild die Bewegung abgetötet. Die Bewegung und damit die Dialektik des Säure-Base-Prozesses wird nur über die umfassendere Theorie sichtbar. Trotzdem sind weder Theorie noch Modell der Wirklichkeit gleichzusetzen; sie können der Wirklichkeit in ausgewählten Beziehungen adäquat sein. Mehrere Modelle und Theorien über Säuren und Basen haben sich in bestimmten Bereichen der chemischen Praxis bewährt.

In die hier getroffenen Überlegungen muß noch ein weiterer Gesichtspunkt einfließen: Die beschriebenen Strukturmodelle beziehen sich ausschließlich auf die Mikroebene; es sind gewissermaßen Teilsysteme, von deren Gesetzmäßigkeiten auf Makrosysteme (Substanzen und ihre Wechselwirkungen) extrapoliert wird — und umgekehrt. Der Chemiker hat stets eine Vielzahl solcher Teilsysteme — eine makroskopische Menge — vor sich, mit der er arbeitet. So bestehen beispielsweise 60 g Essigsäure aus etwa $6{,}023 \cdot 10^{23}$ Teilchen, die die Zusammensetzung $CH_3COOH$ haben. Wenn deren Wechselwirkungen nicht berücksichtigt werden, zeigen sich Nichtübereinstimmungen zwischen theoretischen Aussagen, die von isolierten Einzelteilchen ausgehen und im Experiment gemessenen Werten. Deshalb müssen bei der Berechnung konzentrierter Lösungen anstelle von Konzentrationsangaben Aktivitäten eingesetzt werden, um die Wechselwirkung der Teilchen einzubeziehen. Das Massenwirkungsgesetz kann bei schwachen Elektrolyten auf konzentriertere als 0,1 molare, bei mittelstarken und starken Elektrolyten schon auf konzentriertere als 0,01 bis 0,001 molare Lösungen nicht mehr angewendet werden, da in diesen Fällen die Ionenkonzentrationen schon solche Werte erreichen, daß infolge der hauptsächlich physikalischen Wechselwirkungen der Ionen die bei der kinetischen Ableitung des Massenwirkungsgesetzes vollzogene Idealisierung einer ungestörten regellosen Bewegung der Teilchen nicht mehr zutrifft. Die Anwendung des Massenwirkungsgesetzes bei stärkeren Elektrolyten oder in konzentrierteren Lösungen schwacher Elektrolyte muß die wirksame Ionenkonzentration mit Hilfe eines Korrekturfaktors, des Aktivitätskoeffizienten berücksichtigen. Das Verhältnis zwischen der Teilchenbetrachtung (Verbindungseinheiten, Mikroebene) und Kollektiven dieser Teilchen (Substanzen, Makroebene) wirft immer wieder Probleme im Verhältnis von experimentellen Ergebnissen und theoretischen Überlegungen in der Chemie auf. Doch daraus Schlußfolgerungen erwachsen zu lassen, zukünftig Modelle von Substanzstrukturen (Makroebene) zu entwerfen, ergäbe aus heutiger Sicht eine kaum mögliche Handhabbarkeit. In der Chemie wird, seit dem sie die Atomistik zur Begründung und Erklärung chemischer Erscheinungen nutzte, mit Modellen gearbeitet, die nicht nur — wie alle Modelle — einige Seiten eines realen Systems hervorheben, sondern die das System derart widerspiegeln, daß es sich um zwei oder wenig mehr Teilsysteme der Mikroebene handeln würde, die wechselwirken. In chemischen Prozeßmodellen wird fast immer von den wechselseitigen Einflüssen der Verbindungseinheiten mit etwa gleicher synchroner Struktur abgesehen.

Die Erkenntnis der Dialektik zwischen der Mikro- und Makroebene ist Voraussetzung für die Überwindung logischer Widersprüche, die zwischen beobachteten Daten und theoretischer Widerspiegelung auftreten. Logische Widersprüche wiederum waren im historischen Prozeß der Erkenntnis häufig Hinweise auf sich verbergende dialektische Widersprüche. Diese Verallgemeinerung philosophischer Art vermag durchaus Denkanstöße für die Arbeit des Naturwissenschaftlers zu vermitteln; einen Algorithmus für die Erforschung einzelwissenschaftlicher Fragestellungen liefert sie jedoch nicht.

Aus der Kenntnis, wie sich die Widerspiegelung einer Sache als Prozeß abspielte, ergeben sich oft Ansätze für die Lösung zukünftiger Aufgaben, häufig auch auf ganz anderen Gebieten. Unter diesem Gesichtspunkt ist die Hervorhebung einiger wichtiger Stufen des Strukturdenkens, wie es sich im unmittelbaren Zusammenhang mit der Entwicklung theoretischer Aussagen über Säuren und Basen herausbildete, von mehr als nur wissenschafts-historischer Bedeutung: Erstens wurden in der Anfangsphase der Entwicklung Säuren bzw. Basen jeweils als Makrosysteme, die definierte Veränderungen an anderen Makrosystemen bewirkten, widergespiegelt. Die Einheit von Bewirken und Bewirktwerden wurde nur über die Neutralisation reflektiert. Es handelt sich hier noch um eine rein phänomenologische Beschreibung. Eine theoretische Erklärung, gebunden an einfachste Modellvorstellungen über Strukturen des dabei ablaufenden Prozesses, gab es noch nicht.

Zweitens führt der Weg von der Erscheinung zur theoretischen Begründung ihres Wesens — wie allgemein in der Chemie — über den theoretischen Übergang zur Mikroebene, um auf diese Art und Weise makroskopische Erscheinungen zu erklären. Einen solchen Weg ging in dem hier betrachteten Gegenstandsbereich erstmals LEMERY (1645—1715). Er postulierte die charakteristischen Unterschiede bei Säuren und Basen, sowie ihr chemisches Zusammenwirken auf der Grundlage der *äußeren Form* der *Mikroteilchen*. Danach sind Säuren Partikelchen mit kleinsten Stacheln, worauf der stechende Geruch und Geschmack zurückzuführen sei, während Basen Poren haben, in die bei der Vereinigung mit Säuren die Stacheln gerieten, so daß sich die charakteristischen Eigenschaften beider Partner neutralisieren. Auch wenn diese Hypothese heute etwas skurril anmutet, erwies sie sich jedoch in jener Zeit dahingehend als ein Fortschritt, da hier erste Ansätze für das Verständnis von Struktur und Bewegungszusammenhängen und damit von der Erscheinung zum Wesen gegangen wird. Die Hypothese ist auch insofern interessant, da im Vergleich zu den Darstellungen BOYLES sich darin zwei neue Aspekte abzeichneten. Der eine besteht, wie schon bemerkt, im gedanklichen Übergang von der Makro- zur Mikroebene, der mit dem Entwurf eines Modells verbunden wurde; der zweite Aspekt besteht in der gedanklichen Konstruktion eines Zusammenhangs zwischen dem äußeren Habitus eines Mikroteilchens und der chemischen Reaktivität. LEMERY beschreibt also nicht nur die äußeren Erscheinungen, sondern legt diesen Erscheinungen hypothetische Überlegungen zugrunde, die über das unmittelbare Abbild der beobachteten Erscheinungen weit hinausgehen. Es wäre also einseitig, sich die Analyse der objektiven Realität so vorzustellen, „als ob im Gegenstande nichts sei, was nicht in ihn *hineingelegt* werde, als es einseitig ist, zu meinen, die sich ergebenen Bestimmungen werden nur aus ihm *herausgenommen*" [56]. Das hypothetische Element der Erkenntnis hat in der Wesenserkenntnis stets vorangeholfen.

Drittens: Die Epoche der Chemie, in der sie sich als Wissenschaft emanzipierte, kann durch zwei bedeutende Merkmale charakterisiert werden. Das erste äußert sich in der Fruchtbarmachung des klassischen griechischen Atomismus für das chemische Denken, das zweite, damit unmittelbar verknüpfte Charakteristikum, ist mit der Entwicklung wissenschaftlichen Experimentierens verbunden. Als LAVOISIER in Säuren Sauerstoff nachwies und auf das Vorhandensein von Sauerstoffatomen in den Mikroteilchen folgerte, verband er Reaktivität und Zusammensetzung der Substanzen im theoretischen Denken. Die noch mechanische Verknüpfung beider Seiten führte zu den bereits in Kapitel 2. ausgeführten logischen Widersprüchen.

Viertens: Im Prozeß der Anstrengungen zur Lösung dieser logischen Widersprüche kristallisierten sich in dem hier betrachteten Fall der dialektische Charakter der Säure-Base-Beziehungen immer deutlicher heraus. Die Etappe zeichnet sich durch die Vereinigung diachroner und synchroner Strukturaspekte in der Widerspiegelung aus. In den modernen Theorien wird vermittelt über unterschiedliche Modelle „die Stukturiertheit der Veränderung und die Veränderung der Struktur in Einheit genommen" [57].

Eine Denkhaltung, die zusammengehörige, widersprüchliche Aspekte der in der Wirklichkeit existierenden Beziehungen aufzuspüren sucht, um sie im theoretischen Abbild über diesen Bereich der Wirklichkeit wieder zusammenzufügen, leistet mehr für die Wesenserkenntnis als nur die Konstatierung isolierter Einzelheiten. Es geht in der wissenschaftlichen Forschung nicht nur darum, in der Empirie gesammelte Daten und Fakten in ein theoretisches System zu bringen, — es ist auch erforderlich, verschiedene Theorien zur Widerspiegelung eines breiteren Beziehungsgefüges miteinander zu verbinden. Das ist kein einmaliger Akt, sondern stellt ebenfalls einen Prozeß dar. So weisen KUSNEZOW und PETSCHONKIN darauf hin, daß gegenwärtig in der chemischen Wissenschaft der Zusammenhang von Strukturtheorien und kinetischen Theorien, eine Frage, die bereits sehr früh Chemiker nachgingen, wieder erneut an Bedeutung gewinnt [58]. Das betrifft insbesondere alle Probleme, die mit der Bildung, Struktur und Zerfall des Übergangskomplexes bei einer chemischen Reaktion zusammenhängen.

Eine theoretische Vereinigung von Struktur und Bewegung bedeutet noch nicht unbedingt, dialektische Beziehungen beider Seiten aufzudecken. Mechanistische Interpretationen offenbarten, wie die Geschichte der Chemie zeigt, Widersprüche mit der beobachteten Wirklichkeit. Auch im Struktur- bzw. Prozeßbegriff ist Dialektisches eingeschlossen, das bei der Synthese in theoretischen Systemen berücksichtigt werden muß. Der Strukturbegriff, der mit dem des Zeitintervalls verbunden ist, ist sowohl auf Systeme in relativer Ruhe, als auch auf Prozesse beziehbar. Anderweitig gibt es keinen Prozeß, bei dem nicht einzelne Teile unverändert bleiben.

Es ist KUSNEZOW und PETSCHONKIN zuzustimmen, wenn sie in der theoretischen Chemie eine immer stärkere Betonung von Prozeßstrukturen konstatieren. Damit ist jedoch nicht eine völlige Abkehr von der Untersuchung von Substanzstrukturen (in der relativen Ruhe) verbunden, sondern Prozeßstrukturen sind daran geknüpft und stellen in ihrer näheren Erforschung ein Moment des Fortschritts in der chemischen Wissenschaft dar. So sind auch, wie in den vorausgegangenen Ausführungen festgestellt wurde, beide Seiten in den modernen Säure-Base-Theorien miteinander verflochten.

Nicht näher eingegangen wurde bisher auf die chemische Bewegung selbst; es erhebt sich die Frage nach ihrer Spezifik. Untersuchen wir dafür zunächst die Aussagen einer chemischen Gleichung:

$$HCl + NH_3 \rightleftharpoons Cl^- + NH_4^+$$

Die hier benutzten Symbole $HCl$, $NH_3$, $Cl^-$ und $NH_4^+$ stellen Teilsysteme des abgebildeten Gesamtsystems dar. Wenn wir $HCl$ als ein solches Teilsystem herausgreifen, so zeigt sich, daß es zwei Bedeutungen besitzt. Erstens als Teilchen, bestehend aus einer chemischen Verbindung von einem Atom Wasserstoff und einem Atom Chlor, zweitens ist $HCl$ das Symbol für die Substanz (Makromenge) Chlorwasserstoff. Die Pluszeichen sind ebenfalls doppeldeutig, da sie erstens das raumzeitliche Nebeneinander von Verbindungseinheiten und Substanzen ausdrücken und zweitens wird durch diese Zeichen gekennzeichnet, daß diese Teilsysteme in das abgebildete System integriert sind, also innerhalb dieses Systems chemisch wechselwirken. Der Doppelpfeil ist das Symbol für die Wechselwirkung, er deutet an, daß alle Teilsysteme, sobald sich $Cl^-$ und $NH_4^+$ gebildet haben, einer ständigen Veränderung unterliegen, da die Bewegung nicht erlischt. Über das Charakteristikum dieser Bewegung ist dieser Darstellung jedoch keine nähere Aussage zu entnehmen. Aus der Diskussion der möglichen Interpretationen einer chemischen Gleichung geht hervor, daß die chemische Bewegung auf zwei Ebenen, dem Mikro- und Makroniveau beschrieben werden muß. Es zeigt sich allgemein in der Chemie ein häufig unspezifischer Gebrauch der Begriffe der chemischen Reaktion, der chemischen Bewegung, des chemischen Prozesses, sowie des chemischen Systems bezüglich der zu beschreibenden Niveaus.

Der Chemiker arbeitet experimentell mit Makrosystemen und erschließt daraus mikroskopische Sachverhalte. Diese sind wiederum meist Ausgangspunkt für experimentelle Fragestellungen, auf die in der Makroebene, im chemischen Experiment eine Antwort gesucht wird. Nun haben bereits die philosophischen Diskussionen um quantenmechanische Sachverhalte in der

Physik gezeigt, daß mit dem Übergang von einem Niveau zum anderen vielfältige Fragen auftreten — bis hin zu weltanschaulichen Interpretationen — und daß eine mechanistische Übertragung der Erkenntnisse von einem Niveau auf das andere nicht möglich ist.

Eine chemische Gleichung gibt an, wie sich ein chemisches Makrosystem verändert, als notwendige Verwirklichung einer Möglichkeit. Für die einzelne Verbindungseinheit existiert ein solches dynamisches Gesetz nicht. Für eine Verbindungseinheit gibt es eine Reihe von Möglichkeiten, von denen eine innerhalb eines Möglichkeitsfeldes zufällig verwirklicht wird. Es kann beispielsweise keine Aussage darüber erfolgen, welches Teilchen zum Zeitpunkt $t$ verändert ist und welche Veränderung es erfahren hat. Eine Gleichung gibt also keine Auskunft über die Veränderung jeder einzelnen Verbindungseinheit. Nur dann, wenn die Symbole HCl usw. die Bedeutung einzelner Makrosysteme haben, erfolgt eine der Wirklichkeit adäquate Widerspiegelung des Prozesses, wobei dieser Prozeß aus der Veränderung der Mikroteilchen zusammengesetzt ist.

Es erhebt sich u. a. daraus die Frage, welcher Ebene der Begriff „chemische Reaktion" zugeordnet ist. Aus der umfangreichen Literatur zu diesem Gegenstand sollen hier drei Beispiele aus unterschiedlichen Bereichen der chemischen Literatur stellvertretend genannt werden: „Chemische Reaktionen sind Stoffwandlungen. Das Wesen chemischer Reaktionen besteht in der Umordnung von Atomen und Ionen oder in der Umwandlung dieser beiden Teilchen ineinander. Bei der Umwandlung der Stoffe verändern sich die Bindungsverhältnisse ... Chemische Prozesse sind zugleich auch Prozesse der Energieumwandlung" [59]. Hier wird der Begriff der Reaktion sowohl für den Mikro- als auch für den Makrobereich verwendet.

In „*Anorganikum*" wird ausgeführt: „Unter einer chemischen Reaktion verstehen wir einen Vorgang, bei dem ein chemisches System in ein neues chemisches System überführt wird." Als Bausteine (Elemente) des Systems werden Atome, Ionen und Moleküle angegeben, die sich zu neuen Kombinationen zusammenlagern. Weiterhin werden Vorgänge erfaßt, „die zu wesentlichen Veränderungen der Bindungen und Strukturverhältnisse zwischen diesen Teilchen führen" [60]. Chemische Reaktion wird hier als Bewegung von Mikroteilchen gefaßt.

Laitko und Sprung kommen nach einer umfangreichen Analyse vieler Aussagen in der Literatur zum Begriff der chemischen Reaktion zur folgenden Definition: Sie fassen sie „als widersprüchliche Einheit von Erhaltung der chemischen Elemente und Bildung, Umwandlung und Vernichtung chemischer Verbindungen" [61]. Verbindungen werden als Mikroteilchen und Elemente als abstrakte Objekte, die durch die Eigenschaft „Kernladungszahl" charakterisiert sind, bestimmt. — Auch hier wird die chemische Bewegung allein auf die Mikroebene bezogen, was jedoch offen bleibt, ist ein Abbild der

Bewegung im makroskopischen Bereich. Wir schlagen vor, den Begriff des chemischen Prozesses immer dann zu verwenden, wenn chemische Vorgänge auf der Makroebene beschrieben werden. Der chemische Prozeß setzt sich dann aus einer Vielzahl von Einzel*reaktionen* (Mikroebene) zusammen, aber nicht als einfache Summation. Der Vorschlag zur Differenzierung von Reaktion und Prozeß erfolgt, damit klar zwischen beiden Ebenen des Strukturniveaus unterschieden werden kann. Reaktion und Prozeß verhalten sich wie Einzelnes und Allgemeines, sind dialektisch verbunden. Die einzelne chemische Reaktion ist nur im Zusammenhang des Allgemeinen, des chemischen Prozesses, existent. Mit Hilfe der gedanklichen Auflösung des Ganzen (chemischer Prozeß) in seine Teile (chemische Reaktion) wird die Erkenntnis, und damit das Ziel der Beherrschbarkeit der Prozesse, erst möglich. Der Prozeßbetrachtung liegen nicht einzelne Verbindungseinheiten, Atome u. a. m. zugrunde, sondern chemische Substanzen. Wie schon bemerkt, ist das System „Substanz" nicht einfach die Summe von Verbindungseinheiten, gleich wie der Prozeß nicht nur eine Summe von Einzelreaktionen widerspiegelt. Das Verhältnis von Mikro- und Makroniveau ist nicht nur quantitativ, sondern auch qualitativ unterschiedlich. Die Dialektik beider Seiten kann jedoch immer nur dann klar herausgearbeitet werden, wenn dieser Unterschied nicht schon durch wenig präzise Begriffsinhalte verwischt wird.

Wenn wir zwischen chemischer Reaktion und chemischem Prozeß unterschieden haben, so spricht dafür noch ein anderes Argument. Dazu sollen einige Aspekte des chemischen Gleichgewichts und seiner Gesetzesgrundlage (Massenwirkungsgesetz) untersucht werden. Bei der kinetischen Ableitung des Massenwirkungsgesetzes und der damit im Zusammenhang festzulegenden Reaktionsordnung ergeben sich Probleme, wenn der Reaktionsmechanismus durch die chemische Gleichung nicht exakt wiedergegeben wird. Nur bei sogenannten Elementarreaktionen kann von der Gleichung auf die Geschwindigkeitsgleichung geschlossen werden. Leitet man das Massenwirkungsgesetz kinetisch von der Bruttogleichung aus ab, ohne Berücksichtigung des Reaktionsmechanismus, so erhält man Geschwindigkeitsgleichungen, die im Widerspruch zur objektiven Realität stehen; experimentelle und theoretische Ergebnisse widersprechen sich dann.

Kinetische Untersuchungen sind immer an Modellvorstellungen über die atomare Ebene chemischen Geschehens gebunden. Die Kinetik erforscht den Reaktionsmechanismus, untersucht dazu Übergangszustände innerhalb einer chemischen Systemumwandlung (aktivierter Komplex) im Zusammenhang mit dem energetischen Verlauf und sucht nach Gesetzmäßigkeiten des zeitlichen Ablaufs chemischer Reaktionen. Unabhängig von Modellvorstellungen über die Strukturen chemischer Reaktionen (Mikroebene) sind dagegen die Aussagen der Thermodynamik. Diese erlauben zu entscheiden, ob ein chemischer Prozeß möglich ist oder nicht, unter welchen Bedingungen er realisiert werden kann und wie die Gleichgewichtslage bei diesen Bedingungen ist. Kinetische und thermodynamische Aussagen beziehen sich also auf zwei völlig unterschiedliche Strukturebenen. Da das eine jedoch die Ergänzung des anderen notwendig hat, ergibt sich hieraus der Hinweis für eine mikroskopische *und* makroskopische Sicht chemischer Systemveränderungen und daraus folgend auch die Notwendigkeit klarer begrifflicher Differenzierung der Widerspiegelungsebenen. So verbirgt sich in der häufig anzutreffenden Unterscheidung von „Elementarreaktion" und „Reaktion" eine Widerspiegelung chemischer Bewegung in unterschiedlichen Strukturebenen. Der Begriff der chemischen Reaktion wird aber meist uneindeutig sowohl auf Makro- als auch Mikrosysteme bezogen verwendet. Das hat zur Folge, daß möglicherweise erkannte Gesetzmäßigkeiten eines Strukturniveaus auf ein anderes übertragen wird, ohne die dialektischen Beziehungen hinreichend zu beachten.

Schwierigkeiten können im praktischen Umgang mit Begriffen, die die chemische Bewegung im Mikro- und Makrobereich deutlich abgrenzen, z. T. daraus erwachsen, daß bei einer Reihe chemischer Vorgänge nicht bekannt ist, aus welchen Reaktionen (im vorgeschlagenen Sinne) sich der Prozeß zusammensetzt; dies mag auch ein heuristisches Moment für die weitere Forschung sein.

Die Wiedergabe eines chemischen Prozesses durch eine Gleichung $A + B \rightleftharpoons AB$ oder die experimentelle Darstellung der Substanz $AB$ aus $A$ und $B$ läßt vermuten, daß es einen Anfang und ein Ende des chemischen Vorgangs gibt. Empirisch ist bei chemischen Gleichgewichten ermittelt, daß dem äußeren Zustand der Ruhe Hin- und Rückreaktionen mit gleicher Geschwindigkeit unterlegt sind. Versteht man allgemein unter einem Prozeß eine „Dynamische Aufeinanderfolge von verschiedenen Zuständen eines Dings bzw. Systems" [62], so zeigt sich, daß der Zustand der Substanzen im Gleichgewicht unverändert ist, solange Druck, Temperatur und Konzentrationen nicht variiert werden. Im gleichen System laufen aber ständig Reaktionen (im vorgeschlagenen Sinne) ab. Der objektive Widerspruch zwischen äußerer Ruhe und innerer Bewegung läßt sich also besser in der Differenzierung der Begriffe der chemischen Reaktion und des chemischen Prozesses widerspiegeln.

Die Beschreibung eines Systems mit definierten Anfangsbedingungen ist nur auf der Makroebene möglich, für Mikrosysteme trifft das nicht zu. Deshalb können wir auch nicht den Anfang oder das Ende einer chemischen Reaktion bestimmen, sondern nur des chemischen Prozesses. Der Prozeß wird durch die Reaktionen realisiert. Erst wenn die chemischen Wechselwirkungen der Mikroteilchen nicht mehr zu Konzentrationsveränderungen des Makrosystems führen, ist der chemische Prozeß beendet. Die Erscheinung der *makroskopischen Ruhe* eines chemischen Systems wird durch die *Bewegung der Mikroteilchen* hervorgebracht. „Der Prozeß", so betont MARX, „erlischt im Produkt"

[63]. Die Produkte des menschlichen Arbeitsprozesses sind, wie die Produkte chemischer Prozesse, „nicht nur Resultat, sondern zugleich Bedingung“ für weitere Prozesse [64].

Die Determiniertheit des chemischen Prozesses erhält den gesetzmäßigen Ausdruck in der Prozeßgleichung. Für die chemische Veränderung der Mikroteilchen gibt es eine Reihe von Möglichkeiten, bedingte Zufälle. Wie ein Mikroteilchen innerhalb des Makrosystems zufällig verändert wird, trägt ebenfalls objektiven Charakter. Innerhalb eines Möglichkeitsfeldes werden Veränderungen zufällig verwirklicht. Hier existiert kein Chaos, denn die zufälligen Veränderungen der Mikroteilchen sind untrennbar mit der Notwendigkeit des Prozeßablaufes verbunden. Der Zufall steht nicht neben der Notwendigkeit, sondern ist mit ihr dialektisch verbunden [65]. MITTASCH (1869—1953), ein bedeutender deutscher Katalyseforscher, sprach diese Dialektik sehr klar aus: „Determiniertheit kommt erst in seiner Vielheit zuwege, und zwar wird sie in Form von ‚Wahrscheinlichkeitsgesetzen‘ gefunden, die für die ‚Gesamtheiten‘ und ‚Ganzheiten‘ gelten“ [66].

Beziehen wir die vorausgegangenen Ausführungen auf die historische Entwicklung der Theorien über Säuren und Basen, so werden zwei wesentliche Stufen sichtbar: Auf der ersten Stufe werden Säuren und Basen als chemische *Substanzen*, die sich an einem chemischen *Prozeß* in bestimmter Weise beteiligen *können*, reflektiert. Im Zuge des Eindringens der Wissenschaft in die Mikroebene chemischen Geschehens werden Säuren und Basen als *Mikrostrukturen* (Verbindungseinheiten), die an eine *Reaktion* gebunden sind, widergespiegelt. Der Säure-Base-*Prozeß* wird mit Hilfe der *Reaktionen* der Mikroteilchen erklärt. Die Prozeßstruktur wird durch die Einzelreaktion realisiert. Ihre Fixierung in Form der Prozeßgleichung

$$S_1 + B_2 \rightleftharpoons B_s + S_2$$

läßt zunächst den Anschein erwecken, daß auch für jedes Mikroteilchen die Veränderung einem dynamischen Gesetz folgt. Eine solche Bestimmtheit gilt nur für den Prozeß, für das Ganze. Die Symbolik, der Gleichgewichtspfeil, läßt bereits deutlich werden, daß die Beendigung des Prozesses erst über die sich mit gleicher Geschwindigkeit vollziehenden Reaktionen erfolgt.

Zu bemerken ist außerdem, daß das, was chemische Bewegung ausmacht, nicht mit der Prozeßgleichung widergespiegelt wird. Eine chemische Gleichung gibt Knotenpunkte des Prozesses wieder. Bewegung wird sich nicht mit Hilfe einer symbolisierten Gesetzesformulierung abbilden lassen, sondern ein angenähertes Abbild der objektiven Bewegungen ist nur über ein System theoretischer Aussagen möglich. Dieses System muß, wie im einzelnen aus der Theorie über Säuren und Basen ersichtlich wurde, strukturelle und dynamische Aspekte in ihrem dialektischen Bezug erfassen.

# 4. Philosophische Probleme des Erkenntnisprozesses in der Chemie

## *4.1. Zur Einheit von Empirischem und Theoretischem in der chemischen Erkenntnis* [67]

Stand in den vorangegangenen Abschnitten die Annäherung des theoretischen Abbildes an objektiv-dialektische Züge des betrachteten Gegenstandes im Vordergrund, so sollen im folgenden einige philosophische Aspekte des Erkenntnisprozesses einer näheren Betrachtung unterzogen werden. Insbesondere geht es hierbei um die Analyse des Verhältnisses von Empirischem und Theoretischem. Der Erlangung empirischen und theoretischen Wissens wurden im Entwicklungsgang der Chemie im Rahmen der Forschungsstrategie unterschiedliche Stellenwerte zugemessen. Die Frage des Verhältnisses von Empirischem und Theoretischem berührt desweiteren ein Problem, das unmittelbar mit einer Seite der philosophischen Grundfrage geknüpft ist, die Frage nach dem Primat von Sein oder Bewußtsein.

Viele damit verknüpften Probleme lassen sich nicht einfach durch den wiederholten Hinweis auf die zweifellos richtige These des Marxismus-Leninismus lösen, wonach beide Seiten eine dialektische Einheit bilden. Es ist darüberhinausgehend notwendig, näher herauszustellen, wie die Gestaltung der Beziehungen von Empirischem und Theoretischem sowohl im historischen Verlauf der Chemie, als auch in noch anstehenden Fragestellungen erfolgt. Vor allem geht es hier um die Bedeutung und die Grenzen der Erfassung chemisch-experimenteller Daten für die Erkenntnis, um einige Probleme der Theoriebildung und der Funktion von Theorien, sowie um einige spezielle Beziehungen von Empirischem und Theoretischem bei der Integration chemischer Experimente in den Erkenntnisprozeß.

Wesensmoment des menschlichen Erkenntnisprozesses ist die theoretische Aneignung der objektiven Realität. Die menschliche Erkenntnistätigkeit besteht, umfassend betrachtet, aus einer Einheit von Sinnestätigkeit, Denkprozessen und praktischer Tätigkeit. Die Einwirkung von Erscheinungen der objektiven Realität auf die menschlichen Sinnesorgane produziert ein sinnliches Abbild. Werden diese Erscheinungen mit Hilfe von Wörtern, Zeichen, Aussagesätzen bzw. Symbolen ideell widergespiegelt, erfolgt damit ein Übergang vom Sinnlichen zum Rationalen. Letzteres gliedert sich in Empirisches und Theoretisches.

Empirisches Wissen gründet sich meistens direkt auf Erfahrung, Beobachtung und Experiment; aber erst das im menschlichen Gehirn zu ideellem Abbild verarbeitete sinnliche Abbild stellt empirisches Wissen dar. Wenn beispielsweise im Reagenzglas Chlorwasserstoffsäure mit Natriumhydroxidlösung in Gegenwart eines Indikators vereinigt werden, so kann der damit beschäftigte Experimentator aufgrund wahrgenommener Sinnesempfindungen u. a. zu der Aussage gelangen, daß die Farbe des Indikators verändert wird. Genauere Beobachtungen könnten dieser Aussage weitere hinzufügen. Die Formulierung dieses Wissens, das empirischen Charakter besitzt, schließt bereits theoretisches Denken ein; denn aus der Fülle der Erscheinungen werden für wesentlich erachtete hervorgehoben und in Form einer Aussage, die sich aus Begriffen zusammensetzt, ideell reflektiert.

Wenn konstatiert wird, daß empirisches Wissen eine meistens unmittelbare Beziehung zum beobachteten Objekt aufweist, so ist dabei zu berücksichtigen, daß schon durch die Tatsache der begrifflichen Widerspiegelung des Individuelle aufgehoben wird, durch Begriffe wird das Allgemeine hervorgehoben. Diese Feststellung trifft sich mit folgender Auffassung: „Auf dieser (der empirischen — *R. S.*) Wissensebene wird der Gegenstand der Erkenntnis in bezug auf die Eigenschaften und Beziehungen widergespiegelt, die der sinnlichen Anschauung zugänglich sind“ [68]. Es erhebt sich jedoch die Frage, ob beispielsweise eine verallgemeinernde Aussage über viele Objekte oder statistisch ermittelte Durchschnittswerte, die der unmittelbaren sinnlichen Anschauung nicht mehr zugänglich sind, ebenfalls empirisches Wissen darstellen.

Einige Autoren unterscheiden zwei Ebenen empirischen Wissens: empirische Daten und wissenschaftliche Tatsachen [69, 70]. Erstere sind das direkte Ergebnis von Beobachtung und Experiment, während die Verarbeitung empirischer Daten zur wissenschaftlichen Tatsache vorwiegend durch statistische Methoden und Verfahren erfolgt. Danach ist eine Tatsache (Tatsache und Fakt werden synonym gebraucht) „eine empirische Verallgemeinerung“ [71]. Diesen Gedanken aufzugreifen erscheint insofern wichtig, als hier zwei Sachverhalte deutlich werden: Erstens bedeutet noch nicht jede Verallgemeinerung das Verlassen der empirischen Ebene; und zweitens zeigt sich, daß auch an dieser Stelle die Einheit von sinnlichem Abbild, dessen sprachlicher Darstellung (wenn nicht in Begriffen, so in Zahlen und Zeichen) und theoretischem Denken gegeben ist. Fakten sind von dem unmittelbar sinnlichen Abbild weiter entfernt als Daten. Erst wenn der Fakt in dem hier verstandenen Sinne dem empirischen Wissen zugeordnet wird, ist eine relative Abgrenzung zum theoretischen Wissen möglich, wobei nochmals betont werden soll, daß die Gewinnung empirischen Wissens schon theoretisches Denken einschließt. Es geht dabei nicht vordergründig um eine Definition oder grundsätzliche

Unterscheidung schlechthin, sondern um die Hervorhebung der Pole dieses Verhältnisses.

Es läßt sich beispielsweise empirisch feststellen, daß wäßrige Lösungen von $SO_2$, $P_2O_5$, $Cl_2O_7$ gegenüber Indikatoren einen Überschuß an Protonen (hydratisierten Protoniumionen) anzeigen. Es hieße noch nicht die empirische Ebene zu verlassen, wenn ausgesagt wird, daß Nichtmetalloxide in wäßriger Lösung die genannte Erscheinung hervorbringen, obwohl hier schon zu einer Verallgemeinerung fortgeschritten wurde. Bereits die Aussage, daß die wäßrige Lösung von $SO_2$ einen Überschuß an Protonen aufweist, ist eine Verallgemeinerung, denn es können nur einzelne Proben untersucht werden.

Ähnlich sieht es auch in Wissenschaften aus, die kein materielles Substrat als Untersuchungsgegenstand haben. So geht auch MARX im „*Kapital*" in den meisten Fällen nicht von beobachteten singulären Ereignissen und Beziehungen aus, um die Theorie vom Mehrwert zu entwickeln, sondern er verwendet sehr häufig empirisches Material, das den Charakter von Fakten hat. Würde unter empirischem Wissen allein das verstanden werden, was aus der Beobachtung von Einzelereignissen oder Einzeldingen hervorgeht, so wäre die empirische Ebene nur noch sehr vermittelt bedeutungsvoll. Damit soll keinesfalls die Bedeutung der Daten und Datenermittlung in der Wissenschaft in Frage gestellt werden. Das hieße nicht nur, die unabdingbaren Voraussetzungen für die Faktenermittlung negieren, sondern würde auch — worauf noch einzugehen ist — weltanschauliche Konsequenzen in sich bergen.

Empirisch in der Wissenschaft vorzugehen bedeutet nach den bisherigen Überlegungen, Daten und Fakten zu sammeln. Der Übergang zum theoretischen Wissen ist an die Erkenntnis des Wesens eines Objektes, einer Erscheinung, geknüpft. Damit erhält das Wissen eine neue Qualität, die sich in seiner erklärenden und in den meisten Fällen prognostizierenden Funktion äußert. Die einfache Zusammenfassung und auch Kombination von Daten und Fakten führt noch nicht zu theoretischem Wissen, das über das Wesen Auskunft gibt. Die Erscheinung bringt ein Moment des Wesens zum Ausdruck. Für die Wissenschaft kommt es darauf an, die den Charakter der Erscheinung bestimmenden Beziehungen zu finden. Aufgrund der unendlichen Vielfalt möglicher Beziehungen in der objektiven Realität kann Wesentliches einer Erscheinung in einem anderen Zusammenhang unwesentlich sein. So wird in der ARRHENIUSschen Theorie das Wesen der basischen Reaktion einer Verbindungseinheit in der Abgabe von Hydroxidionen widergespiegelt; nach BRÖNSTED besteht das Wesen in der Aufnahme von Protonen. Deshalb ist die Widerspiegelung des Wesens keine subjektive Kategorie, sondern es geht darum, objektivere *Beziehungen, die in einem bestimmten Zusammenhang bestimmend sind,* herauszuheben. Daraus geht hervor, daß die Gleichsetzung von theoretischem Wissen und Widerspiegelung des Wesens eines Gegenstandes nicht gerechtfertigt ist. Theoretisches Wissen und Wesen sind m. E. vielmehr dahingehend miteinander verbunden, daß ersteres bestimmte Seiten des Wesens reflektiert. Daraus ergibt sich auch, daß über einen Objektbereich verschiedene theoretische Aussagen möglich sind (z. B. verschiedene Säure-Base-Theorien). Theoretisches Wissen ist nicht mit umfassender Wesenserkenntnis gleichzusetzen, es liefert dafür einen Beitrag.

Empirisches und theoretisches Wissen unterscheiden sich hinsichtlich der Tiefe des Eindringens in die objektive Realität. Widerspiegelt empirisches Wissen mehr oder weniger unmittelbar die Wirklichkeit, so geht das theoretische Wissen darüber hinaus. Der Übergang von der empirischen zur theoretischen Wissensebene wird vollzogen, wenn von Fakten, Daten sowie bereits vorhandenem theoretischen Wissen ausgehend ein *theoretisches System* entworfen bzw. ein bereits vorhandenes verändert wird. Es handelt sich bei diesem Übergang nicht um das Überschreiten einer scharfen Grenze. Wir können die beiden Arten wissenschaftlicher Kenntnis ebenfalls nicht grundsätzlich danach unterscheiden, inwieweit zu ihrer Erlangung Denkoperationen erforderlich sind. Es kann durchaus eine hohe intellektuelle Leistung darin bestehen, aus vielen Einzelbeobachtungen gemeinsame Aspekte hervorzuheben und in Aussagen widerzuspiegeln. Als Beispiel dafür kann die Feststellung MENDELEJEWS stehen, daß mit steigender relativer Atommasse der chemischen Elemente sich eine Reihe physikalischer und chemischer Eigenschaften periodisch verändern. Wir können diese Aussage als empirische Verallgemeinerung werten. Sie wurde Bestandteil theoretischen Wissens, als MENDELEJEW auf dieser Grundlage sein berühmtes „Periodensystem der chemischen Elemente“ (PSE) entwickelte. Dieses System ist kein bloßes Ordnungsschema, es unterscheidet sich von solchem vor allem darin, daß es das *Abbild* eines empirisch ermittelten Sachverhalts mit dem *Entwurf* eines theoretischen Systems (PSE) verknüpft. Mit MENDELEJEWS System gelang nicht nur eine systematische Erfassung von bis dahin unzusammenhängenden Einzelerkenntnissen, sondern es wurde auch ein gesetzmäßiger Zusammenhang gefunden, dessen Kenntnis eine Reihe wesentlicher Eigenschaften der chemischen Elemente deduktiv zugänglich machte und darüber hinaus die Existenz bis dahin unbekannter Elemente einschließlich ihrer wichtigsten physikalischen und chemischen Eigenschaften vorauszusagen erlaubte, die sich später glänzend bestätigen sollten. Darüber hinaus wurde durch dieses theoretische System die Forschung angeregt, Erklärungen für (scheinbare) Anomalien im PSE zu liefern und tiefer in den atomaren Aufbau der chemischen Elemente einzudringen.

Ein ähnliches Bild ergab auch die Analyse des historischen Werdegangs der Säure-Base-Theorie (vgl. Kap. 2.). Die Einbeziehung empirischen Wissens in den Entwurf eines theoretischen Systems, das der Erklärung des spezifisch chemischen Verhaltens bestimmter Substanzklassen diente, und damit auch bei hinreichender Kenntnis von Substanz- und Prozeßstrukturen Voraussagen über mögliche chemische Veränderungen erlaubte, stellte eine neue Qualität dar. So weist KEDROW sehr überzeugend am Beispiel der Entdeckung des Sauerstoffs durch PRIESTLEY (1733—1804) und SCHEELE (1742—1786) nach, daß allein die empirische Feststellung des chemischen Elements Sauerstoff noch nicht zum Sturz der Phlogistontheorie führte. Die Überwindung der Phlogistontheorie gelang erst LAVOISIER; KEDROW schreibt dazu: „Die Revolution in der Chemie bestand nicht in der eigentlichen empirischen Entdeckung eines neuen Gases (des Sauerstoffs), sondern darin, daß LAVOISIER als erster verstand, dieser Entdeckung eine richtige theoretische Erklärung zu geben; deshalb begriff er als erster den Sinn dessen, was PRIESTLEY und SCHEELE gefunden hatten" [72]. Das Beispiel macht deutlich, daß empirisches Wissen zwar eine wichtige Voraussetzung für die Wesenserkenntnis untersuchter Beziehungen darstellt, jedoch nicht gewissermaßen im Selbstlauf zu dieser Wesenserkenntnis führt. Erst das in eine Theorie integrierte empirische Wissen stellte einen entscheidenden Fortschritt in der chemischen Wissenschaft dar. Ausgehend von der LAVOISIERschen Theorie konnte eine Fülle weiteren Wissens gewonnen werden. Die Theorie ist also nicht nur Produkt der Verarbeitung wissenschaftlicher Tatsachen, „sondern auch als Vorgang der Produktion von Tatsachen zu erfassen" [73]. Das theoretische Wissen geht „hinter" die Erscheinungen, es umfaßt sowohl empirisch ermittelte als auch entworfene Strukturen, um Erscheinungen zu erklären und neue Tatsachen vorauszusagen. Im Erkenntnisprozeß stellt das theoretische Wissen keinen relativen Abschluß dar, sondern es wirkt auf die Anwendung und Zielvorstellungen bei der Ermittlung empirischen Wissens zurück, wie es selbst wiederum durch die daraus hervorgehenden Ergebnisse beeinflußt wird. Die dialektische Verflechtung empirischen und theoretischen Wissens, die sich vor allem darin äußert, daß beide im Prozeß der Erkenntnis sich wechselseitig bedingen, beeinflussen und ergänzen, führt dazu, daß beide sowohl Ausgangspunkt als auch Resultat eines relativ abgeschlossenen Erkenntniszyklus sein können. Das bedeutet nicht, die Möglichkeit auszuschließen, theoretisches Wissen aus theoretischem Wissen zu entwickeln. Zuvor theoretisch Formuliertes kann mittels des Denkens in neuen Zusammenhängen aufgehoben werden.

Der Begriff der Theorie wird in der Literatur nicht in einer einheitlichen Intension verwendet. In manchen Ausführungen wird eine Aussagemenge über einen Objektbereich als Theorie bezeichnet, andere sehen in der Theorie ein System von Aussagen, dessen wichtigster Bestandteil Gesetzesaussagen sind. Möglicherweise spiegeln sich in den verschiedenen Auffassungen allgemein die Entwicklungsstadien spezieller Theorien wider. So bildeten auch die Anfänge der Säure-Base-Theorie Verallgemeinerungen empirischer Befunde, die systematisch geordnet sind. Daran anschließend wird das Wesen der Erscheinungen immer stärker als Gesetz herausgearbeitet. Wir hatten gesehen, daß Verallgemeinerungen von Einzelbeobachtungen noch nicht über die empirische Wissensebene hinausgehen, obgleich bereits an der Stelle ein hohes Maß theoretischen Denkens erforderlich ist. Theorien können bestimmt werden als eine organische Einheit verallgemeinerter Aussagen über einen Objektbereich in Verbindung mit einer oder mehreren Gesetzesaussagen darüber. Man kann die Aussagen einer Theorie in definierte Ausdrücke und Grundaussagen gliedern [74]. Bei den unterschiedlichen Säure-Base-Theorien gibt es verschiedene Definitionen der Säure und Base, sowie differenzierte Grundaussagen über die Beziehungen zwischen beiden. In diesen Grundaussagen einer Theorie sind Gesetzesaussagen enthalten; es können aber auch hypothetische Annahmen dieser Grundaussagen sein. (Beispielsweise Stacheln und Poren der Säure- bzw. Baseteilchen). Die gesetzmäßigen Beziehungen, verstanden als „ein allgemein-notwendiger, d. h. reproduzierbarer und wesentlicher, d. h., den Charakter des Prozesses bestimmender Zusammenhang“ [75], widerspiegeln chemische Prozeßgleichungen. Die Aufstellung und die Folgerungen aus diesen Gleichungen sind an bestimmte Regeln gebunden. Diese Analyse läßt sich zu folgender Aussage verdichten: „Eine Theorie besteht erstens aus einer Sprache, zweitens aus einer Gesamtheit von in dieser Sprache formulierten und logisch geordneten Aussagen, unter denen einige (mindestens eine) Gesetzesaussagen vorkommen, und drittens aus gewissen Schlußregeln (Regeln der Logik, der Mathematik usw.), nach denen man aus gegebenen Aussagen neue Aussagen erhält“ [74]. Eine Definition, wie in der obigen Form, stellt eine Orientierungshilfe, ein mögliches Normativ für die Arbeit des Einzelwissenschaftlers dar; sie ist aber kein Schema, das auf allen Gebieten jeder Wissenschaft und in sämtlichen Phasen der Erkenntnis über einen Objektbereich vollinhaltlich ausgefüllt werden wird. Auch ist das „Endziel“ auf einem Gebiet der Forschung mit einer Theorie, die dieser Definition genügen würde, nicht erreicht. Neue empirische Befunde, aber auch die Aufnahme anderer Beziehungen in die Grundaussagen einer Theorie sind Faktoren der Veränderung und Weiterentwicklung. Viele der bisher entwickelten Säure-Base-Theorien ordnen sich formal dieser Definition unter, obgleich mit keiner alle anstehenden Fragen gelöst werden.

In manchen Fällen, wie bei den Aussagen über „harte“ und „weiche“ Säuren und Basen, weist die allgemein gebräuchliche Bezeichnung „Konzept“ (HSAB-Konzept) darauf hin, daß hier noch nicht alle Elemente einer Theorie enthalten sind. Das Auffinden von Beziehungen zwischen „harten“ und „weichen“ Partnern und ihre Verallgemeinerung im HSAB-Konzept durch Pearson hatte anfangs mehr den Charakter einer empirischen Verallgemeinerung. Erst später, als die Ursachen für diesen Tatbestand immer besser herausgearbeitet werden konnten, als Beziehungen zu anderen chemischen Reaktionstypen aufgedeckt sowie erste Ansätze für eine quantitative Behandlung entwickelt wurden, erhielt der Aussagekomplex über „harte" und „weiche" Säuren und Basen immer mehr den Charakter einer Theorie.

Noch ein anderer Aspekt wurde aus der Geschichte der Säure-Base-Theorie sichtbar: Die Entwicklung und Funktion von Theorien folgt keinem einfachen Schema: empirisches Wissen — Induktion — Theorie — deduktive Aussagen. Waren am Anfang der Entwicklung die entworfenen Systeme meist sehr eng empirieverbunden, so stellen die modernen Säure-Base-Theorien in neue Zusammenhänge gebrachtes theoretisches Wissen dar. Seine Beziehung zur Empirie ergibt sich aus seiner Genesis wie auch aus seiner Anwendung in der chemischen Praxis. Die Zusammenhänge zwischen Empirie und Theorie sind nicht immer im Detail zu finden, sondern meist nur über ein komplexeres Herangehen ersichtlich.

Erkenntnistheoretisch-philosophische Grundpositionen bestimmen weitgehend die Haltung des Forschers zur Bedeutung von Empirie und Theorie in einer unmittelbaren Arbeit. So stellt sich das Verhältnis beider Seiten insbesondere im bürgerlichen Denken immer wieder als grundsätzliches Problem, da entweder die eine oder andere Seite über- bzw. unterbewertet wird. Der Empirismus setzt die sinnliche Stufe der Erkenntnis mit der Erkenntnis überhaupt gleich, während der Rationalismus davon ausgeht, daß nur das Denken, die Vernunft, die Wahrheit finden kann. Ein Beispiel für die Überbetonung des rationalen Moments in der Erkenntnis liefert W. BÖHM, der in der „*Geistesgeschichte der Chemie*" einleitend schreibt: „Vorliegende Arbeit stellt den antipositivistischen Versuch dar, die Geschichte der Naturwissenschaft einmal radikal als Ideengeschichte zu verstehen und so gleichsam auf ein höheres geistiges Niveau zu heben, in der Überzeugung, daß auch auf diesem Gebiet letzten Endes nur der Geist Geschichte macht, daß naturwissenschaftliche Theorien nie und nimmer durch eine Aufgabensammlung und Protokollierung von Empfindungsdaten zustande kommen können, sondern nur aus einer Anwendung allgemeinphilosophischer spekulativer Ideen auf ein bestimmtes Erscheinungsbild resultieren, ... und daß selbst ganz neue, von niemanden vorhergesehene und überraschende Entdeckungen nur aufgrund einer schon vorausgegangenen geistigen Disposition ... möglich sind" [76]. Die Verabsolutierung des rationalen Moments in der Wissenschaft ergibt sich — ebenso wie die Überbetonung der empirischen und formallogischen Seite durch den Positivismus — aus der idealistischen philosophischen Grundhaltung zu solchen Fragestellungen; die objektive Realität wird in letzter Konsequenz als sekundär betrachtet und damit — ob zugegeben oder als Scheinproblem abgetan — eine Seite der philosophischen Grundfrage idealistisch beantwortet.

Sowohl eine Aussage über empirisch ermittelte Daten als auch eine Theorie sind *Abbilder* der *außerhalb* und *unabhängig* von uns existierenden objektiven Realität. Ein solches Abbild kann sowohl direkt, beispielsweise über Experimente und sich anschließenden Induktionen, als auch auf der Grundlage theoretischer Kenntnisse deduziert werden. KLAUS ist der Auffassung, daß „selbst die abstraktesten mathematischen Theorien historisch — und sei dies auch nur durch noch so viele Zwischenstufen vermittelt — aus der praktischen Erfahrung hervorgegangen" sind [77]. Sicher fehlt der Genesis vieler Theorien ein direkter empirischer Bezug. Doch das absolute Primat des Theoretischen zu behaupten, wie es BÖHM tut, bedeutet, daß die Entwicklung von Theorien dem PLATONschen Gedanken des Wiedererkennens präformierter Ideen entspräche.

Auch solche Gedanken, daß „wissenschaftliche Theorien erfundene Erklärungsversuche für Problemlagen, die sich uns bei der Auseinandersetzung mit unserer Welt auftun" [78], heben das Theoretische undialektisch vom Empirischen ab.

Immer bleibt bei der Theorie das empirische Moment der Praxis erhalten. Die Theorie ist das Ergebnis aktiver Widerspiegelung der Wirklichkeit und dadurch mit ihr verbunden. Der aktive Prozeß ihrer Ausarbeitung durch den Menschen steht nicht im Gegensatz zur scheinbar passiven Aufnahme der über die Empirie vermittelten Wirklichkeit. MARX hat diesen Gedanken in der Auseinandersetzung mit FEUERBACH so ausgedrückt: „Der Hauptmangel alles bisherigen Materialismus (den FEUERBACHschen mit eingerechnet) ist, daß der Gegenstand, die Wirklichkeit, Sinnlichkeit nur unter der Form des *Objekts oder der Anschauung* gefaßt wird; nicht aber als *sinnlich menschliche Tätigkeit* Praxis, nicht subjektiv" [79]. Die neue, höhere Qualität der dialektisch-materialistischen Abbildtheorie zeigt sich in der Überwindung des metaphysischen Abbildbegriffs. LENIN sah — wie auch MARX — das „Hauptübel" des mechanischen Materialismus in dessen Unfähigkeit, „die Dialektik auf die Bildertheorie, auf den Prozeß und die Entwicklung der Erkenntnis anzuwenden!" [80].

Die historische Analyse der Geschichte der Säuren und Basen zeigt im einzelnen, was für die Geschichte der Chemie im allgemeinen zutrifft, nämlich, daß das theoretische Moment in der Erkenntnis zunehmend an Bedeutung gewann, während in den Anfängen die empirische Wissensebene dominierend ist. Damit zusammenhängend entwickelte sich anfänglich die Theorie meistens induktiv, während mit zunehmender theoretischer Durchdringung der Chemie die Deduktion an Bedeutung gewann. Diese Erscheinung beschränkt sich nicht auf die chemische Wissenschaft. TETZNER gelangt von den hier aufgeführten allgemeinen Tatsachen ausgehend zu folgenden Schlußfolgerungen: „Im historischen Entwicklungsprozeß der Erkenntnis ist das Empirische Ausgangspunkt und Grundlage auch im Sinne einer weltanschaulichen Bestimmung.

Bei der Betrachtung eines Erkenntniszyklus in der Gegenwart ergibt sich insofern eine Umkehrung, als nicht das Empirische, sondern das Theoretische den Anfang bildet" [81]. Wenn der ersten These entgegengesetzt wird, daß heute eine ‚Umkehrung' erfolge, so birgt das die Gefahr idealistischer Schlußfolgerungen in sich. Die Philosophie MACHS, deren rationeller Kern anfangs darin bestand, daß sie die Enge des mechanischen Weltbildes überwand, zeigt deutlich, daß sich idealistische Tendenzen immer dann ergeben können, wenn innerhalb von Teilproblemen eine Seite eines dialektischen Widerspruchs verabsolutiert wird. Bei solcher einmal vollzogenen „Umkehrung", die faktisch gleichbedeutend mit einer metaphysischen Trennung, einem Nacheinander von Empirie und Theorie ist, entgeht man idealistischen Konsequenzen auch dann nicht, wenn anschließend eine erneute Synthese versucht wird: „Innerhalb der dialektischen Einheit des Empirischen und Theoretischen gewinnt das Theoretische zunehmend an Bedeutung" [81].

PILIPENKO verweist darauf, daß auch gegenwärtig nicht jede empirische Aussage unmittelbar durch die theoretische Erkenntnisstufe gesteuert wird, daß es einzelne fundamentale Entdeckungen gibt, denen keine Ideen oder Theorien vorausgingen [82]. Nur dann, wenn der Erkenntnisweg mechanistisch aufgefaßt und die Tendenz der zunehmenden Bedeutung des Theoretischen im Erkenntnisprozeß verabsolutiert wird, kann auf eine Umkehrung des Erkenntniszyklus geschlossen werden. Die Wissenschaftsgeschichte lehrt, daß eine Über- bzw. Unterschätzung der einen oder anderen Seite, über breite Entwicklungszeiträume betrachtet, sich stets hemmend auswirkte.

### *4.1.1. Empirie — Theorie — experimentelle Tätigkeit*

Empirisches Wissen resultiert in der Chemie aus dem direkten Umgang mit chemischen Substanzen und zwischen ihnen ablaufenden Prozessen. Insbesondere ist es das chemische Experiment, das eine wichtige Quelle des Wissenszuwachses darstellt. Die Chemie entwickelte sich zu einer wissenschaftlichen Disziplin als wissenschaftlich experimentelles und theoretisches Arbeiten sich immer mehr zu einer Einheit ergänzten.

Auch gegenwärtig arbeiten die meisten in der Forschung tätigen Chemiker experimentell. Es existieren die Begriffe „experimentelle Chemie" und „theoretische Chemie", wobei manchmal der Eindruck erweckt wird, das letztere sich im Niveau über erstere erhebt. SCHMITZ spricht von einem noch mancherorts anzutreffenden „... Zerrbild von den rückständigen Kochknechten, die ihre Qualifikation durch Korkbohren und Glasbiegen erworben haben, an mathematischem Rüstzeug nur den Dreisatz beherrschen, nur alle drei Monate einmal nachdenken und ganz dem Zufall ausgeliefert sind" [83]. Ein scheinbares Pendant dazu bilden solche Auffassungen, danach alle chemischen Probleme zukünftig ohne Experiment für lösbar gehalten und das Entwicklungstempo der Chemie als direkte Funktion der Anwendung der Computertechnik in der Chemie gesehen werden. Experimente würden dann nur noch der Bestätigung deduktiver Schlußfolgerungen dienen [83].

Wenn es sich hier auch um eine teilweise ironisch gefärbte Charakterisierung von Standpunkten handelt, die in „reiner" Form sicher kaum vertreten werden, so sind daraus jedoch eine Reihe von Problemen ersichtlich, die über den Rahmen des engeren chemischen Denkens hinausgehen. Hier handelt es sich hauptsächlich um erkenntnistheoretische Fragen. Es geht um eine theoretische Klärung des Wesens und der Rolle chemischen Experimentierens im Prozeß der fortschreitenden Erkenntnis.

Die These, wonach experimentelles und theoretisches Arbeiten eine Einheit bilden, muß weiter mit Inhalt erfüllt werden, bedarf einer Präzisierung, einer differenzierten Erforschung von Einzelbeziehungen innerhalb dieser Einheit. Ein Umstand, der das gegenwärtig noch erschwert, ist die teilweise unklare Terminologie, die in dem Zusammenhang gebräuchlich ist. So weist Bykow darauf hin, daß der „Terminus ‚Experiment' keine festgelegte Bedeutung besitzt" [84]. Parthey, Wahl und Hörz betonen, daß zwischen dem Experiment und der experimentellen Tätigkeit häufig nicht unterschieden wird [85, 86]. Erkenntnistheoretisch geht es hier um das Verhältnis von Empirischem und Theoretischem. Fragen zu diesem Verhältnis wurden in verschiedenen Entwicklungsetappen der Chemie immer wieder neu gestellt und mußten den jeweiligen Bedingungen entsprechend beantwortet werden. Gegenwärtig wird in manchen Fällen der Standpunkt vertreten, daß es zukünftig möglich wäre, alle Fakten in den Naturwissenschaften experimentell zu ermitteln, während andere Meinungen dahin tendieren, daß der hohe experimentelle Aufwand, der heute noch in der chemischen Forschung betrieben wird, vor allem daraus resultiert, daß noch keine leistungsfähigen Theorien existieren, von denen mit genügender Sicherheit deduktiv auf interessierende Einzelereignisse geschlossen werden kann. — Ein zusätzliches Problem ergibt sich für die Chemie dort, wo ein chemischer Prozeß im Laboratorium theoretisch erforscht und praktisch beherrscht wird, es jedoch meist noch umfangreicher zusätzlicher experimenteller Arbeiten bedarf, diesen Prozeß in die chemische Industrie zu übertragen. Als philosophischer Kern dieser spezielleren Problematik erweist sich hier ebenfalls die Frage nach dem Verhältnis von empirischem und theoretischem Vorgehen. Mißverständnisse sind immer dann möglich, wenn experimentelles Arbeiten mit reiner Empirie identifiziert wird. Es geht vor allem darum, die Funktion des chemischen Experiments im Erkenntnisprozeß über chemische Fragestellungen näher zu bestimmen und die Bedeutung im Gesamtprozeß der wissenschaftlichen Tätigkeit herzustellen. Es ist evident, daß historische Fakten *allein* aus dem Entwicklungsgang der Säure-Base-Theorien nicht als Grundlage oder Beleg für philosophische Verallgemeinerungen stehen können. Diese lassen sich nur aus dem allgemeinhistorischen und chemiehistorischen Kontext der jeweiligen Epochen, in denen u. a. auch das experimentelle und theoretische Arbeiten über Säuren und Basen seinen entsprechenden Platz hatte, bestimmen. Befassen wir uns deshalb zunächst mit einigen Aspekten der Herausbildung des wissenschaftlichen Experimentierens, und darauf folgend mit dessen Platz und Funktion im Erkenntnisprozeß.

Bereits in der frühen Menschheitsgeschichte wurden Prozesse, die wir heute als chemische Prozesse bezeichnen, zur Aufbereitung von Nahrungsmitteln, zur Herstellung von Töpferwaren, Farben, Metallen, Säuren, Basen u. a. m. genutzt. Der Anwendung chemischer Prozesse zur Herstellung benötigter Waren gingen mit Sicherheit zufällige Entdeckungen über einfache Kausalzusammenhänge voraus. Mit der materiellen Produktion entwickelte sich zugleich die „geistige Produktion“ [87]. Die noch mangelhafte Naturbeherrschung sowie kaum vorhandene Einsichten in das Wesen der genutzten Prozesse und bestimmte Wunschvorstellungen sind neben den anderen Ursachen der Nährboden für mancherlei Spekulationen über die Naturprozesse. Manche dieser mystischen Vorstellungen mögen eine Art Vorstufe der später einsetzenden wissenschaftlichen Hypothesenbildung sein, obgleich wesentliche Unterschiede existieren.

Bis zum Zerfall der Urgesellschaft bildeten praktische Produktionstätigkeit und theoretische Aneignung eine unmittelbare Einheit. Erst der erreichte Entwicklungsstand der Produktivkräfte in der Sklavenhaltergesellschaft ermöglichte es einer kleinen Menschengruppe, von körperlicher Arbeit befreit, sich allein der Theorie widmen zu können. Bezeichnend für diese Epoche ist, daß die theoretischen Erwägungen kaum auf die Verbesserung der unmittelbaren Produktion abzielten, sondern auf eine allgemeine Naturdeutung, Naturerklärung, die teilweise idealistische bzw. materialistische Züge trug. In den meisten Fällen ging es darum, die Natur zu verstehen, jedoch nicht zu verändern. (Thales, Heraklit, Demokrit, Aristoteles u. a.) Bis hin ins späte Mittelalter bildeten die Klassenschranken zugleich eine Barriere zwischen körperlicher und geistiger Arbeit. So war bei der herrschenden Klasse jedwede Handarbeit strengstens verpönt, was den praktischen Umgang mit den Naturstoffen — wenn man von vereinzelten Ausnahmen absieht — verhinderte.

Es waren also vor allem die in verschiedenen Gewerken schaffenden und mit chemischen Prozessen befaßten Handwerker, die neben einzelnen dazu nicht zählenden und meist bei Hofe angestellten Personen, überhaupt die unmittelbare Möglichkeit hatten, in die Natur chemischer Prozesse einzudringen. Soweit es sich nicht um auf Erfahrung basierenden Reproduktionen verschiedener chemischer Vorgänge handelte, hatte deren weitere Erforschung meist noch den Charakter spekulativen Probierens. Dabei traten jedoch bereits Merkmale hervor, die auch dem später sich herausbildenden wissenschaftlichen Experiment immanent sind: Erstens ist beiden die gezielte, zum Zwecke der Beobachtung erfolgende Einwirkung auf die Natur gemeinsam, zweitens besteht ein gemeinsames Ziel darin, Erkenntnisse über Wege und Mittel zur Veränderung von Stoffen zu gewinnen. Probieren und wissenschaftliches Experimentieren unterscheiden sich neben anderen Merkmalen vor allem darin, daß das Probieren sich kaum auf vorhandene Kenntnisse über objektive Gesetzmäßigkeiten stützt und kaum etwas zur Vertiefung theoretischen Wissens über die objektive Realität beiträgt, sondern nur zur Kenntnis einzelner Kausalzusammenhänge in der Erscheinungswelt führt. Es wäre jedoch zu vereinfacht anzunehmen, daß die Alchemisten — modern ausgedrückt — die chemischen Stoffe und Prozesse als black box betrachten, wo völlig willkürlich inputs gegeben und beobachtet wurde, was als output herauskommt. Das trifft zwar das Wesen des Probierens, jedoch bediente sich auch die Alchemie einer ideellen Konzeption bei der Auseinandersetzung mit der chemischen Natur der Stoffe. Was die Alchemie außerdem von späteren Entwicklungsphasen der Chemie abhebt, ist der nur selten aufzufindende Zusammenhang mit der Produktion. Erkenntnisse der Handwerker, deren Arbeit chemische Prozesse zugrunde lagen, und Erkenntnisse der Alchemisten flossen nur in wenigen Fällen zusammen. Erst in der Renaissance findet allmählich eine breitere Annäherung von Theorie und Produktionstätigkeit statt. In diesem Prozeß konnten sowohl Handwerker wie auch Gelehrte „einen großen Beitrag leisten: der Handwerker, indem er die alten Techniken des Altertums um die während des Mittelalters entwickelten Vorrichtungen bereicherte, der Gelehrte durch die Weltauffassung, die Ideen und, vielleicht als wichtigstes, die von den Griechen auf dem Wege über die arabische und scholastische Philosophie herrührende logische Methode der Argumentation und die neu entwickelten Rechenmethoden" [88].

Vor allem durch GALILEI und F. BACON theoretisch vorbereitet, begann sich seit etwa 1600 eine theoretisch fundierte experimentelle Naturwissenschaft zu entwickeln. Für die Chemie beginnt dieser Prozeß mit der Veröffentlichung von R. BOYLES Werk *„Der skeptische Chemiker"* (1661). Eine entscheidende Wende erfährt dieser Prozeß jedoch erst im 18. Jahrhundert. In dieser Zeit konzentrieren sich die chemischen Fragestellungen vor allem auf Probleme des Verbrennungsvorganges. Aus teilweise richtig widergespiegelten Einzelerscheinungen, deren Beobachtung zum Teil schon auf die Alchemie zurückging, und teilweise falschen Schlußfolgerungen erwuchs die erste als „wissenschaftlich" zu bezeichnende chemische Theorie, die Phlogistontheorie. Auf ihrer Basis erfolgten zahlreiche Experimente, die das Attribut „wissenschaftlich" ebenfalls zurecht tragen. Viele Experimente schienen die Theorie, danach phlogistonhaltige Substanzen bei der Verbrennung Phlogiston verlieren, zu stützen. Erst nach der Entdeckung des Sauerstoffes durch SCHEELE und PRIESTLEY vermochte LAVOISIER, durch exakte quantitative Bestimmungen vor und nach Ablauf des Verbrennungsvorgangs und durch das richtige Inbeziehungsetzen dieser Ergebnisse, das Wesen dieses Prozesses als Sauerstoffaufnahme aufzudecken. Damit konnte nicht nur die Phlogistontheorie überwunden werden, sondern die Chemie verwandelte sich von einer Ansammlung unzusammenhängender Beobachtungsresultate zu einer Wissenschaft, die die zuvor chaotisch scheinenden Phänomene mit einer Theorie der Verbindung und Lösung chemischer Elemente erklärte. So konnte auch für das chemische Verhalten von Säuren und Basen erstmals eine wissenschaftliche Erklärung entwickelt werden. Eine wesentliche Vertiefung erfuhren diese Vorstellungen durch die etwa zwanzig Jahre später entwickelte Atomtheorie DALTONS.

Die Folgezeit war durch die Entdeckung vieler grundlegender Gesetzmäßigkeiten der Chemie geprägt. Der Bogen spannt sich vom Gesetz der multiplen und konstanten Proportionen über die Entwicklung der Ionentheorie bis hin zur Entdeckung wichtiger Zusammenhänge der chemischen Elemente und ihrer Reaktivität durch MENDELEJEW und MEYER. Das neu hinzugekommene Wissen hatte starken Einfluß auf die seit dem 18. Jahrhundert sich ausdehnende chemische Industrie, besonders in England, da einige Erkenntnisse vor allem in der Textilindustrie verwendet wurden. Aber erst die sich im 19. Jahrhundert herausbildende chemische Großindustrie vereinigte in großem Umfang experimentelle, theoretische und Produktionstätigkeit im Streben nach Maximalprofit dahingehend, daß wichtige chemisch-technische Verfahren entwickelt wurden. Unter den Bedingungen des vorangeschrittenen Kapitalismus kam es zu einer engen Verzahnung von industrieller Produktion mit theoretischer und experimentell-theoretischer Tätigkeit auf dem Gebiet der Chemie. Wissenschaftliche Experimente unterstützen nicht nur die Entwicklung einer leistungsfähigen Industrie, sondern profitierten auch von ihr durch die Entwicklung immer wieder verbesserter Methoden und aufwendiger Geräte.

Der skizzierte historische Weg läßt mehrere Aspekte hervortreten: Es wird deutlich, daß die Herausbildung des wissenschaftlichen chemischen Experiments nicht nur eine „innerwissenschaftliche" Entwicklung darstellt, die sich zwangsläufig vollzieht, sondern durch eine Reihe gesellschaftlicher Komponenten wie das Produktionsniveau, der allgemeine theoretische Wissensstand, die philosophischen Anschauungen sowie Bedürfnisse der herrschenden Klasse weitgehend beeinflußt wurde. Die Erkenntnis, daß sich das chemische Experiment im Zusammenhang mit der Produktion entwickelte, darf jedoch nicht dahingehend verallgemeinert werden, daß solche unmittelbaren Korrelationen zwischen Produktion, Experiment und Erkenntnis immer existieren müssen. Wichtig ist hier zunächst der erkenntnistheoretische Aspekt, danach die

Praxis als bewußte Veränderung der objektiven Realität sowohl Ausgangspunkt als auch Ziel der Erkenntnis sowie Kriterium der Wahrheit theoretischer Überlegungen ist. Das chemische Experiment hat seine Wurzel in der Produktionssphäre; es entwickelte sich zu einer relativ eigenständigen Form der Auseinandersetzung des Menschen mit der Natur.

Die genetische Wurzel des chemischen Experiments gibt nur einen vermittelten Hinweis auf seine Stellung und Funktion im wissenschaftlichen Erkenntnisprozeß. Obgleich das Experiment als ein inhärenter Bestandteil, vor allem der naturwissenschaftlichen Forschung auftritt, wird die Frage der erkenntnismäßigen Funktion des Experiments im Verlauf der Geschichte der Chemie bis in die Gegenwart hinein immer wieder von neuem aufgeworfen. Das ist mit Sicherheit nicht allein auf die Chemie beschränkt. Ein Indiz dafür liefert die uneinheitliche Begriffsbestimmung zum Terminus „Experiment". Es wird als Methode oder Verfahren der Einwirkung auf die Natur zum Zwecke deren Erkenntnis, als eine Menge wissenschaftlicher Tätigkeiten, als Frage an die Natur, als objektiver Analysator der Wirklichkeit u. a. m. bestimmt. Das naturwissenschaftliche Experiment kann — abgesehen von sogenannten Gedankenexperimenten — als ein Komplex gefaßt werden, in dem objektive Vorgänge und verschiedene Formen menschlicher Tätigkeiten zur Erreichung eines bestimmten Erkenntniszieles miteinander verknüpft sind. Diese Einheit, bestehend aus subjektiv bestimmten Tätigkeiten und objektiven Vorgängen, wirft erkenntnistheoretische Probleme auf: Die beim Experimentieren beobachteten Beziehungen zwischen den natürlichen Objekten existieren unabhängig und außerhalb des menschlichen Bewußtseins. Daraus eröffnet sich die Möglichkeit der objektiven Analyse der Wirklichkeit. Wenn jedoch nicht zwischen objektiven Beziehungen und den daraus resultierenden Erscheinungen und der subjektiv bestimmten Tätigkeit differenziert wird, ist nur schwer verständlich, inwiefern das Experiment ein Instrument der objektiven Analyse darstellt, ein Kriterium der Wahrheit ist. Den Schlüssel für die Lösung dieses Problems liefert die Analyse der experimentellen Tätigkeit. Sie umfaßt zwei Hauptaspekte: Erstens sind es die manuellen menschlichen Tätigkeiten — die materielle Vorbereitung des Experiments, die Manipulationen während seines Ablaufs, sowie alle aus dem Prozeß resultierenden Nachfolgearbeiten; zweitens heißt experimentell tätig zu sein, dem Experiment theoretische Fragestellungen voranzustellen, die experimentelle Anordnung unter dem Gesichtspunkt der Fragestellung zu entwerfen, Varianten der Einwirkung und Kontrolle zu überlegen und auszuwählen, sowie Beobachtungen (Erscheinungen registrieren, messen) und Auswertungen vorzunehmen. Die experimentelle Tätigkeit weist also mehrere unterschiedliche Komponenten auf. Werden manuelle und ideelle Tätigkeiten koordiniert mit dem Zweck der Erreichung eines bestimmten Zieles durchgeführt, handelt es sich um eine Methode.

Besteht das Ziel in der Überprüfung einer hypothetischen Aussage, kann die experimentelle Methode zu einer Antwort verhelfen. Sie „umfaßt die Folgerung von experimentell prüfbaren Aussagen aus Hypothesen, die Durchführung von Experimenten und die Deutung ihrer Ergebnisse“ [89]. Dabei geben die im Ergebnis des Experimentierens beobachteten qualitativen und quantitativen Erscheinungen keine direkte Antwort, sondern es bedarf dazu einer theoretischen Analyse und Synthese. Im Experiment beobachtete Erscheinungen, wie beispielsweise die Farbänderung eines Indikators beim Säure-Base-Prozeß, sind verschlüsselte Antworten auf vorangegangene Fragestellungen. Der Experimentator findet eine mögliche Antwort, indem er experimentelle Ergebnisse in theoretische Überlegungen einbezieht und zu bestimmten Schlußfolgerungen gelangt. Dieser Sachverhalt läßt deutlich werden, daß der experimentell tätige Chemiker Praktiker *und* Theoretiker sein muß. Das am Anfang dieses Abschnittes angedeutete Zerrbild kommt dadurch zustande, daß der manuelle und registrierende Aspekt der experimentellen Tätigkeit überbewertet wird. Auch der nicht experimentell tätige Chemiker muß auf Ergebnisse von Experimenten zurückgreifen bzw. er bedarf des Experiments zur Überprüfung theoretischer Überlegungen. Das tiefere erkenntnistheoretische Problem besteht in der Frage nach den Proportionen von experimenteller und theoretischer Arbeit in der Chemie.

Die Dialektik des wissenschaftlichen Erkenntnisprozesses besteht u. a. darin, daß die Theorie die verschiedenen Formen des Einsatzes experimenteller Tätigkeit beeinflußt, während die experimentellen Ergebnisse wiederum auf die Theorie zurückwirken. Ohne Idee ist kein nutzbringendes Experiment, das Fakten und Daten liefert möglich, wie auch ohne Daten und Fakten keine lebensfähige Theorie aufzubauen ist, betont SCHIROKANOW [90]. Wie eng diese Verflechtung ist, wird auch daraus ersichtlich, daß zufällig gewonnenes empirisches Wissen — wir verstehen darunter Erkenntnisse, die beispielsweise aus einer Beobachtung eines Experiments hervorgehen, ohne mit der Fragestellung verbunden zu sein, die erst die Durchführung des Experiments veranlaßte — nur dann in die theoretischen Überlegungen einbezogen wurde, wenn die Theorie bereits einen Entwicklungsstand erreicht hatte, daß ein Zusammenhang ersichtlich wurde. Anderweitig können unerwartete experimentelle Ergebnisse völlig neue theoretische Überlegungen determinieren, die zu neuen Experimenten anregen. — Die Ergebnisse der experimentellen Untersuchungen von DAVY (1807) und FARADAY (1833) über die Leitfähigkeit wäßriger Lösungen von Elektrolyten, darunter auch Säuren und Basen (im Sinne von LIEBIG und BOYLE), wurde 1887 Grundlage der ARRHENIUSschen Theorie von der elektrolytischen Dissoziation, die u. a. auch zu völlig veränderten Aussagen über Säuren und Basen führte. Jedoch war der experimentelle Nachweis der Leitfähigkeit wäßriger Lösungen dieser Substanzen allein noch nicht sehr bedeutungsvoll. Weder empirische Erkenntnisse allein, noch schlecht empirisch abgesicherte Theorien vermögen entscheidende Schritte in der Forschung zu leisten. Es ist wissenschaftliches Schöpfertum erforderlich, neue Beziehungen nicht nur zu registrieren, sondern ihre Bedeutung für die Theorie und Praxis zu erkennen, um von da aus neue Wege zu beschreiten. Die Feststellung, daß das Experiment in das dialektische Verhältnis von Empirie und Theorie eingebettet ist, ist sinnfällig; worauf es jedoch vor allem ankommt und was die Schwierigkeit wissenschaftlichen Forschens ausmacht, ist aus der ansteigenden Fülle empirischen und theoretischen Wissens neue Beziehungen zu finden, die tiefer das Wesen des jeweils untersuchten Gegenstandes aufzeigen. Mit der Gewinnung neuen Wissens treten gleichzeitig neue Probleme auf, d. h., das Nichtwissen über einen Bereich wird bewußter, während die Lösung der damit zusammenhängenden Fragen noch unbekannt ist.

Es gibt keinen Algorithmus für die Beantwortung der Frage, ob in einer konkreten Situation experimentelle oder andere Methoden optimale Lösungswege liefern. Sicher ist aber, daß auch zukünftig die experimentelle Forschung direkt am materiellen Substrat nicht überflüssig werden wird. Ansätze, die alle heute vor der Chemie stehenden Probleme nahezu ausschließlich — wenn auch über vermittelnde Zwischenstufen — mit Hilfe der SCHRÖDINGER-Gleichung lösen wollen, vergessen, daß auch hier empirisches Wissen zwischengeschaltet werden muß. „Wir müssen uns dabei bewußt sein“, bemerkt SCHMITZ, daß „eine Rückführung aller beobachteten Fakten auf wenige universelle Naturgesetze heute und in absehbarer Zeit nicht möglich ist und nicht gefordert werden kann. Daran ändert auch die Tatsache nichts, daß der Ansatz zur Lösung aller chemischen Probleme von der theoretischen Physik in Form der SCHRÖDINGER-Gleichung bereits gegeben wurde“ [91]. Dieser Ansatz könnte, was heute jedoch noch keineswegs in allen Konturen absehbar ist, so weit entwickelt werden, daß sich auf spezielle Objektbereiche bezogene Theorien über chemische Reaktionen — wie auch die über Säuren und Basen — erübrigen. Die zukünftige Forschung wird zeigen, ob möglicherweise der weitere theoretische Ausbau des HSAB-Konzepts ein Schritt auf dem Wege darstellt. Gegenwärtig sind jedoch mit Hilfe der Quantenphysik erst chemische Systeme unter Berücksichtigung einer Reihe von Näherungen, mit bis zu 32 Elektronen und 7 Atomen berechenbar [92]. Auch hier haben sie nicht den Charakter einer reinen Deduktion, sondern die „meisten Berechnungen bestätigen nur experimentell ermittelte Ergebnisse“ [93]. Der Trend zum Deduktionismus ist in der gegenwärtigen Phase der chemischen Wissenschaft jedoch nicht zu übersehen.

Bei der Einschätzung der Bedeutung der Quantentheorie für die Chemie bleibt häufig unberücksichtigt, daß das, was der Chemiker abzubilden versucht, sich nicht allein auf die Mikroebene beschränkt. Die Abbilder aus dem

Mikrobereich besitzen oft den Charakter von Modellen für den makroskopischen chemischen Prozeß. Wenn HARTMANN darauf verweist, daß „die absolute Quantenchemie ... ein richtiges Rechenschema ist, daß sie aber nicht zu Antworten auf typische Fragestellungen des Chemikers führt“ [94] und RICHTER und LAITKO betonen, daß nicht alle chemischen Fragestellungen mit der Quantentheorie beantwortet werden können [95], so ist das ein Hinweis darauf, daß ein Charakteristikum der chemischen Wissenschaft darin besteht, sich im Spannungsfeld des Abbildens von Mikro- und Makroebene zu bewegen. Darin besitzt auch das moderne chemische Experiment seinen Platz. Verschiedene Näherungsverfahren in der Quantenmechanik benutzen experimentelle Daten. Dabei steigen die Anforderungen an das chemische Experiment.

So zeigt SCHIRMER auf, daß die Theorie des Übergangszustandes heute noch keine exakten Werte liefert, da es an der experimentellen Methode fehlt, die genaue Struktur des Übergangskomplexes zu ermitteln [96]. In der Chemie zeichnet sich immer deutlicher ein Trend dahingehend ab, daß die „Theoretiker“ Forderungen an die „Experimentatoren“ stellen; der induktive Weg tritt in seiner Bedeutung immer mehr in den Hintergrund. Es wäre jedoch verfrüht, vereinzelt auftretende Tendenzen schon überzubewerten. Im allgemeinen bestimmt auch heute noch das „Wechselspiel von qualitativer Theorie und Experiment ... die Arbeitsweise des Chemikers“ [97]. „Die Aufgabe der Gegenwart und der nahen Zukunft ist, ein stärkeres Wechselspiel zwischen Experiment und halbempirischer Theorie zustandezubringen.“ [97]. Die halbempirische Theorie ist heute bereits ein wirkungsvolles Hilfsmittel zum Berechnen von Moleküleigenschaften, jedoch noch nicht so sehr für chemische Prozesse. Aber auch hier kündigen sich erste Erfolge an [98], die auch für die theoretische Widerspiegelung von Säure-Base-Reaktionen im Rahmen des HSAB-Konzepts bereits eine gewisse Bedeutung erlangt haben. Überflüssig wird die experimentelle Datenfindung im Dienste der theoretischen Weiterentwicklung nur dann, wenn neue Beziehungen auf der Grundlage bereits vorhandenen empirischen und theoretischen Wissens aufgedeckt werden können. So sind die modernen Säure-Base-Theorien kein Ergebnis unmittelbaren induktiven Vorgehens, sondern der Erfolg der Synthese von Einzelerkenntnissen verschiedener Gebiete der Chemie und Physik. Es wird damit offensichtlich, daß die dialektische Verbindung von experimentell-theoretischen und „rein“ theoretischen Verfahrensweisen im Prozeß der Theorienentwicklung kein starres Schema darstellt, das in jeder Phase unmittelbar realisiert wird. Vielmehr ist damit ein wichtiges heuristisches Prinzip gegeben, das im konkreten Fall über eine schöpferische Wegfindung umzusetzen ist.

### 4.2. *Zur Adäquatheit der Säure-Base-Theorien*

Bereits an anderen Stellen wurde auf die Tatsache der gegenwärtigen Koexistenz verschiedener Säure-Base-Theorien hingewiesen. Daraus ergibt sich die philosophische Frage nach der Richtigkeit der Widerspiegelung der einzelnen Theorien. Ist es überhaupt wissenschaftlich vertretbar zu meinen, daß einen Bereich der objektiven Realität verschiedene Theorien „wahrheitsgemäß" abbilden; oder ist die Menge der heute gebräuchlichen Säure-Base-Theorien nur ein Ausdruck des lückenhaften und unsicheren Wissens auf diesem Gebiet? Des weiteren erhebt sich die Frage, ob die zuvor entwickelten Säure-Base-Theorien verschiedene Stadien einer Kette von aufeinanderfolgenden Irrtümern darstellen. Bedeutet die Negation einer Theorie, daß diese ausschließlich falsche Aussagen über die Wirklichkeit enthält? Ist der Prozeß der Wahrheitserkenntnis mit der Schaffung einer wissenschaftlich unangefochtenen Theorie abgeschlossen?

Der Chemiker und Philosoph Sachsse meint, „Wenn es äquivalente Theorien gibt, so bedeutet das, daß die Naturerfahrung verschiedene Deutungen zuläßt, zwischen denen aufgrund von Beobachtungen nicht zu unterscheiden ist." [99]. Der philosophisch-erkenntnistheoretische Hintergrund wird in seinen darauf folgenden Ausführungen sichtbar: „... betrachtet man die Erkenntnis als die Leistung eines Bewußtseins überhaupt oder eines absoluten Subjekts, so ist ... das Erkenntnisbild, sofern es nur zutreffend erreicht wird, eindeutig durch die Struktur, durch die Gesetze dieses allgemeinen Bewußtseins festgelegt" [100]. Der Kern dieser Überlegungen besteht also darin, daß die Struktur des Bewußtseins die Erkenntnis der objektiven Welt determiniert. Wenn Sachsse die Möglichkeit des Vorhandenseins mehrerer Theorien über einen Objektbereich davon ableitet, daß dem erkennenden Subjekt eingeräumt ist, gleiche Daten verschiedenartig zu bewerten und unterschiedlich in ein theoretisches System einzufügen, entspricht das durchaus in einigen Zügen der dialektisch-materialistischen Auffassung über die Subjekt-Objekt-Dialektik im Erkenntnisprozeß. Erkenntnis wird nicht auf das fotografische Abbilden der Natur reduziert, die aktive Rolle des Subjekts bei der „geistigen Verarbeitung" erkannter Daten und Fakten wird hervorgehoben. Der dialektische Materialismus geht nicht davon aus, daß die Wahrheit einer Widerspiegelung gleichbedeutend mit der allumfassenden Abbildung der Wirklichkeit ist, sondern er geht stets der Frage der *Adäquatheit* des Abbildes mit der objektiven Realität nach. Eine allumfassende Erkenntnis der Wirklichkeit bedeutet die Erkenntnis der absoluten Wahrheit, dieser können wir uns aber nur — im Bilde gesprochen — asymptotisch nähern, aber nie vollständig erreichen.

Sinnliche Abbilder werden infolge ihres unmittelbaren Charakters — sieht man von Sinnestäuschungen ab — im allgemeinen immer adäquat sein. Die Frage der Adäquatheit wird erst wirklich relevant auf der rationalen Stufe der Erkenntnis, die keine unmittelbare Verbindung mit der Wirklichkeit mehr hat. Das betrifft vor allem Theorien, Hypothesen und Modelle. Wir hatten bereits an anderer Stelle bemerkt, daß diese Aussagekomplexe eine Einheit von Abbild und Entwurf darstellen. Es geht darum, eine Antwort darüber zu erhalten, wie diese verschiedenen Abbildformen einige Seiten der Wirklichkeit adäquat widerspiegeln.

Infolge der Fähigkeit des menschlichen Verstandes mit Begriffen relativ frei operieren zu können und sie in unterschiedlicher Weise miteinander zu verknüpfen, besteht die Möglichkeit einer nicht adäquaten Widerspiegelung. Dabei muß festgestellt werden, daß die Quelle unseres Wissens die Wirklichkeit selbst ist! Materialistische Erkenntnishaltung heißt „... auf jedem wissenschaftlichen Gebiet in der Natur wie in der Geschichte von den gegebenen Tatsachen auszugehen ..., in der theoretischen Naturwissenschaft die Zusammenhänge nicht in die Tatsachen hineinzukonstruieren, sondern aus ihnen zu entnehmen“ [101]. Als ENGELS sich gegen häufig haltlose, unwissenschaftliche Spekulationen in den Wissenschaften seiner Zeit wandte, verfocht er nicht den Gedanken, daß sich die Naturwissenschaftler allein auf die Registrierung von Daten und Fakten zu beschränken hätten, im Gegenteil, genauso scharf geißelte er die das theoretische Denken ablehnenden Empiristen [102].

Wenn wir auf den Gedanken SACHSSES zurückkommen, danach die Struktur des Bewußtseins das Erkenntnisbild bestimme, wird hiermit ein Aspekt der Erkenntnis völlig verabsolutiert und trifft sich mit der HEGELschen Auffassung, daß der Geist, die Idee, das Ursprüngliche sei und die wirkliche Welt nur der Abklatsch der Idee ist [103]. Die marxistisch-leninistische Erkenntnistheorie geht vom Primat des Seins gegenüber dem Bewußtsein aus und kennt keine „Wahrheit an sich“. Die Differenzierung von relativer und absoluter Wahrheit ist der Schlüssel für die Lösung des in der Philosophiegeschichte immer wiederkehrenden Wahrheitsproblems. Das Erkennen der absoluten Wahrheit ist ein unendlicher Prozeß, der sich aus der Erkenntnis einer Fülle relativer Wahrheiten zusammensetzt. Relative Wahrheit heißt, einzelne Aspekte der objektiven Realität adäquat abzubilden: „Das menschliche Denken ist ... seiner Natur nach fähig, uns die absolute Wahrheit, die sich aus der Summe der relativen Wahrheiten zusammensetzt, zu vermitteln, und tut dies auch. Jede Stufe in der Entwicklung der Wissenschaft fügt dieser Summe der absoluten Wahrheit neue Körnchen hinzu; aber die Grenzen der Wahrheit jedes wissenschaftlichen Satzes sind relativ und können durch die weitere Entwicklung des Wissens entweder weiter oder enger gezogen werden“ [104]. Das Auffinden der Wahrheit ist also ein Prozeß, der sich in Übergängen von relativen Wahrheiten niederer Ordnung zu relativen Wahrheiten höherer Ordnung, verbunden mit einer immer besseren *Annäherung* an die absolute Wahrheit, vollzieht, ohne diese jemals im Ganzen zu erreichen, denn das würde „... die Gesamtheit aller möglichen, in Vergangenheit, Gegenwart und Zukunft existierenden absolut wahren Widerspiegelungen" umfassen [105].

Daraus wird ersichtlich, daß die gemeinhin geläufige Definition der Wahrheit als Übereinstimmung des Abbildes mit dem abgebildeten Objekt sich nur auf die unmittelbare empirische Existenz der Realität beziehen kann. Die besonders vom Positivismus geforderte Gegenüberstellung von Aussage und Sachverhalt kann bestenfalls für die Aussagen über bestimmte Sinneswahrnehmungen als Kriterium gelten, jedoch nicht vollumfassend für Theorien. Diese bestehen aus einem System von Aussagen, von denen mindestens einige den Charakter von Axiomen oder abgeleiteten Aussagen haben. Eine Theorie kann also nicht in allen Punkten direkt mit einem Sachverhalt konfrontiert werden, sondern diese ist relativ wahr, wenn die *Praxis* die wesentlichen Folgerungen aus dieser Theorie bestätigt [106]. Selbstverständlich muß die Theorie mit den Fakten übereinstimmen, es wäre aber einseitig, die Übereinstimmung von Theorie und Sachverhalt auf den Inhalt der unmittelbar gegebenen Erscheinungen zu reduzieren.

Beziehen wir nun das bisher Gesagte auf die Säure-Base-Theorien, wobei nur einige der aus der Wissenschaftsentwicklung hervorgegangenen Theorien bezüglich der Adäquatheit zur objektiven Realität analysiert werden sollen.

Die von R. Boyle entwickelten Vorstellungen über Säuren und Basen sind im Rahmen ihrer Begriffsbestimmungen auch vom heutigen Gesichtspunkt aus als der Wirklichkeit adäquat anzusehen. Sie spiegeln eine Reihe von Erscheinungen, die im chemischen Zusammenwirken bestimmter Substanzen auftreten, richtig wider. Wie aber bereits an anderer Stelle bemerkt, handelt es sich jedoch hier mehr um eine Verallgemeinerung empirischer Beobachtungen, als um eine Theorie, aus der aufgrund ihrer Aussagestruktur auch Erklärungen der Erscheinungen möglich sind. Ebenfalls sind daraus keine weiterführenden Folgerungen ableitbar, deren Ergebnisse in der Praxis zu überprüfen sind. Eine fiktive Ursäure (acidum primigenium) oder hypothetische Annahmen einer bestimmten Architektur im Mikrobereich (Stacheln und Poren bei Säuren bzw. Basen) waren später entwickelte Erklärungen für das chemische Verhalten. Damit waren erste Ansätze für die Integration empirischer Fakten in ein theoretisches System geleistet. Obwohl diese Systeme im Fluß der Erkenntnisentwicklung, im Rahmen der gesamtgesellschaftlichen Tätigkeit, der Praxis widerlegt wurden, waren darin doch Teile relativ wahren Wissens, das sich immer wieder in der Praxis bestätigte, enthalten. So ist beispielsweise die Formulierung Lemerys, danach Base und Säure ein Salz bilden, im Rahmen der bis dahin entwickelten Terminologie wahr. Dieses Wissen wurde in später entwickelten Theorien im dialektischen Sinne aufgehoben, bewahrt, während die dafür gefundenen Erklärungen aufgehoben wurden im Sinne einer einfachen Negation. Die später von LAVOISIER gegebene wissenschaftliche Begründung für die sauren Eigenschaften der Substanzen, die man als Säuren bezeichnete, hat auf die Gesamtvorstellungen über Säuren und Basen nicht den Charakter einer totalen Umwälzung. Formal gesehen bestand die Veränderung des bisherigen Aussagensystems über Säuren und Basen allein in einer veränderten Erklärung der Erscheinungen. (Damit soll keineswegs die hervorragende Leistung LAVOISIERS abgewertet werden.) Das theoretische Strukturprinzip, einen „Stoff" für die chemische Eigenschaft „sauer" zu bestimmen, wurde beibehalten. So schloß sich das neue Wissen relativ nahtlos an das vorausgegangene an. Dieser Sachverhalt deckt sich in seinem Wesen mit dem, was später für die Entwicklung der Theorie der Atomhülle von BOHR als Korrespondenzprinzip bezeichnet wurde [107, 108]. In diesem Prinzip erhält die dialektische Negation des Wissens sowie die Dialektik von absoluter und relativer Wahrheit für die Theorienentwicklung einen spezifischen Ausdruck.

Obgleich bald offensichtlich wurde, daß nicht alle Folgerungen aus der Theorie von LAVOISIER der praktischen Überprüfung standhielten, kann aus heutiger Sicht konstatiert werden, daß für den abgebildeten Objektbereich der Substanzen „Säuren" eine Teilmenge wahr widergespiegelt wurde. Eine Theorie wird aber bereits dann als falsch bezeichnet, wenn nur eine empirische Tatsache im Widerspruch zu ihr steht. Das bedeutet jedoch nicht, daß grundsätzlich alles durch die Theorie Widergespiegelte der Wirklichkeit inadäquat ist. Eine solche Situation lenkt die menschliche Tätigkeit auf das Ziel zur Schaffung einer Theorie, deren Folgerungen sich nicht im Widerspruch zu den historisch jeweils zugänglichen empirischen Daten befinden. Die daraufhin von LIEBIG und ARRHENIUS entwickelten Theorien hoben vorher erkanntes Wissen im dialektischen Sinne auf; auch wurde das theoretische Strukturprinzip beibehalten, Säuren und Basen als relativ isolierte Substanzklassen mit spezifischen Merkmalen abzubilden. Veränderungen bezogen sich hauptsächlich auf die Beseitigung der genannten Widersprüche sowie auf den Kreis der Objekte, die theoretisch erfaßt wurden. Wir können diesen Prozeßverlauf als evolutionäre Phase der Theorienentwicklung fassen. Erst als das *entworfene* Grundschema des theoretischen Systems immer deutlicher seine Grenzen offenbarte, wurde es endgültig — was BERZELIUS bereits vorher andeutete — durch ein neues ersetzt, nämlich durch das dialektisch im Säure-Base-Prozeß verbundene Säure-Base-Paar. Die grundlegende Veränderung des theoretischen Strukturprinzips kann als revolutionäre Phase der Entwicklung einer Theorie bezeichnet werden. Es handelt sich hier um eine Phase, in der nicht einzelne Merkmale im theoretischen System ausgetauscht oder verändert werden, sondern die Struktur der Theorie erhält eine grundlegende Wandlung. Das Wesen, d. h., die den Charakter der Erscheinungen bestimmenden Eigenschaften der Säuren und Basen, wird in der Widerspiegelung des dialektischen Zusammenhanges wirklichkeitsadäquater. Damit wurde eine höhere Stufe, eine neue Qualität der relativen Wahrheit erreicht. Diese neue Grundstruktur erwies sich als wesentliche Annäherung des Abbildes an die objektiv vorhandene, d. h. subjektunabhängige dialektische Verbindung von Säuren und Basen. Diese Theorie kommt der absoluten Wahrheit näher, aber auch sie spiegelt nur einen Ausschnitt aus der Totalität der Beziehungen innerhalb dieses Objektbereichs wider. Dieses neue System fußt ebenfalls auf Einzelerkenntnissen, die teilweise historisch bereits weit zurückliegen. So wurde mittels der BRÖNSTED-Theorie bereits erkanntes Wissen in neuen Zusammenhängen aufgehoben. Das betrifft eine umfangreiche Menge empirischen Wissens über die Struktur und Reaktionsfähigkeit chemischer Substanzen, wie auch das mathematische Grundgerüst für die Berechnung der Säure-Base-Gleichgewichte in wäßriger Lösung.

Die von LEWIS, USSANOWITSCH und PEARSON entwickelten Theorien behalten das theoretische Grundgerüst des korrespondierenden Säure-Base-Paares bei. Im Grunde genommen erweitern sie „nur" den theoretisch erfaßbaren Objektbereich, indem andere Beziehungen zwischen dem Säure-Base-Paar im theoretischen System fixiert werden. Keine der heute koexistierenden Theorien (BRÖNSTED, LEWIS, USSANOWITSCH, PEARSON) widersprechen empirischen Tatsachen. Aus der gegenwärtigen Sicht deutet sich eine solche Situation auch nicht an. Selbst die Theorie von ARRHENIUS, die heute im wissenschaftlichen Bereich kaum noch Anwendung findet, ist deshalb nicht grundsätzlich als falsch zu bezeichnen.

Wir können also feststellen: Alle im 19. und 20. Jahrhundert entwickelten Theorien über Säuren und Basen sind nicht einzelne Stufen, wo eine in bestimmten Punkten als falsch erkannte Theorie durch eine neue abgelöst wird, sondern diesen Theorien liegen unterschiedliche Modellstrukturen als Abbilder der Objektstrukturen zugrunde. Säure-Base-Theorien unterscheiden sich beispielsweise gegenüber den verschiedenen Theorien über die Atomhülle dadurch, daß diese nicht von vornherein einen fest umrissenen Objektbereich erfassen. So sind beispielsweise „LEWIS-Säuren" und „BRÖNSTEDT-Säuren" auf häufig sehr unterschiedliche Objekte bezogen. Der objektiv vorhandene dialektische Zusammenhang zwischen Säuren und Basen wird in unterschiedlicher Weise durch die Hervorhebung verschiedener Träger der Wechselwirkungen (Protonen, Elektronen, Liganden, ...) in der Theorie abgebildet. Seit dem Entwurf BRÖNSTEDS geht es darum zu entscheiden, welche Merkmale aus dem objektiven Beziehungsgefüge zwischen Säuren und Basen in der theoretischen Aussage zu fixieren sind. Es muß also die Frage nach der Richtigkeit der heute koexistierenden Theorien durch die Frage, welche der objektiv-realen Beziehungen in der Theorie abgebildet werden, ergänzt werden.

Die im Anschluß an die Theorie von Brönsted entwickelten Theorien zielen dahin ab, entweder einen anderen Objektbereich zugänglich zu machen oder den Objektbereich generell zu erweitern. Die von Ussanowitsch und Pearson entworfenen theoretischen Systeme gehen dabei soweit, Säuren und Basen nicht mehr als Sonderfall chemischer Reaktivität abzubilden, sondern Wesensmomente nahezu aller — zumindest im anorganischen Bereich vorkommenden — Reaktionen zu erfassen.

Die Schaffung einer umfassenderen Theorie, auf die Teiltheorien rückführbar sind, bedeutet nicht unbedingt, daß damit die Teiltheorien überflüssig werden. Die Aussagen der Brönsted-Theorie werden in bestimmten Bereichen der Chemie stets ausreichend sein. Die Theorie kann aber anderweitig den umfassenderen Gesichtspunkten des HSAB-Konzepts untergeordnet werden; sie wird in diesem Konzept dialektisch aufgehoben.

Zusammenfassend wird hier am speziellen Beispiel das deutlich, was die Wissenschaftsgeschichte immer wieder erneut bestätigte und durch die marxistisch-leninistische Philosophie in verallgemeinerter Form wiedergegeben wird: Theorienentwicklung ist weder auf eine Kette von Irrtümern, die immer wieder negiert werden, reduzierbar, noch auf eine bloße Anhäufung von Wissen zurückzuführen. Im Betonen der Dialektik von absoluter und relativer Wahrheit gibt die marxistisch-leninistische Philosophie für die Forschung zwei wesentliche Impulse: Erstens bringt der Hinweis auf das unendliche Fortschreiten der menschlichen Erkenntnis im Zusammenhang mit der Verneinung jeglicher Erkenntnisgrenzen einen Erkenntnisoptimismus zum Ausdruck, ohne den auf lange Sicht eine wirklich erfolgreiche Forschung unmöglich ist; zweitens ermöglicht die Analyse des Verhältnisses von absoluter und relativer Wahrheit vergangene, gegenwärtige und zukünftige Erkenntnisse sicherer zu bewerten und einzuordnen, ohne übersteigerte Euphorie hinsichtlich sich neu andeutender theoretischer Lösungen, noch hinsichtlich einer pessimistischen Erkenntnishaltung.

# 5. Determinanten der Theorienentwicklung

## *5.1. Wissenschaft und Gesellschaft*

Theorien sind *eine* Ergebnisform wissenschaftlichen Arbeitens. Eine einzelne naturwissenschaftliche Theorie stellt im Zuge des wissenschaftlichen Entwicklungsgangs einen Punkt dar, in dem bis dahin bekannte Fakten, Regeln, Gesetze, Hypothesen, Modelle und Methoden, aber auch Denkhaltungen, Einstellungen und Anschauungen zu einem komplexen Aussagengefüge zusammenfließen. Die Wissenschaftsgeschichte liefert umfangreiches Material dafür, daß die Genesis von Theorien sich nicht allein auf das Zusammenfügen naturwissenschaftlicher Einzelerkenntnisse reduzieren läßt. Darin sind sich nahezu alle Autoren wissenschaftshistorischer und -philosophischer Arbeiten zu Fragen der Theorienentwicklung einig — unabhängig davon, welche philosophische Konzeption zugrunde gelegt wird, oder welche philosophische These mit Hilfe naturwissenschaftlich-historischen Materials belegt oder entwickelt wird. — Geht es aber um die Frage nach den Triebkräften, nach den Ursachen der Theorienentwicklung, sind die Reflexionen darüber sehr unterschiedlich: So heißt es bei dem bereits an anderer Stelle genannten Neothomisten W. Böhm: „Die allgemeinen philosophischen Gedanken und Weltbilder strahlen auf die verschiedenen Teilgebiete aus und *erzeugen* (Hervorhebung von mir, *R. S.*) so die einzelwissenschaftlichen Theorien und Entdeckungen.“ [109]. C. F. v. Weizsäcker sieht die wichtigste Determinante für den Fortgang in der wissenschaftlichen Erkenntnis, wozu auch neue bzw. verbesserte Theorien zählen, in der menschlichen „Suche nach der Wahrheit“, in der „theoretischen Neugier“ [110]. — „Alle jene auf ‚Theorie‘ gerichteten Aktivitäten des menschlichen Geistes, bei denen ausschließlich intersubjektive Erfahrung und Logik maßgebend sind“, sind nach Mohr mit dem Begriff der Wissenschaft verbunden [111]. Sich gegen jegliche äußeren Einflüsse auf die Wissenschaft abgrenzend meint er, die wissenschaftlich Tätigen warnen zu müssen: „Wissenschaftsplanung kann im Prinzip nur nach wissenschaftsimmanenten Kriterien betrieben werden. Verfährt man anders, liefert man den Erkenntnisprozeß der Wissenschaft außerwissenschaftlichen Normen aus, die zeitlich nicht invariant sind, mit anderen Worten, dem jeweiligen individuellen oder kollektiven Vorurteil. Dieser Eingriff führt schnell zum Erliegen der Wissenschaft ... dort, wo ein gesellschaftliches ‚Bedürfnis' oder die politische Ideologie den Gang des Erkenntnisprozesses langfristig zu dirigieren suchte. Die Freiheit der Forschung, der freie Verstand, ist eine unabdingbare Voraussetzung der Wissenschaft" [112]. Nun weiß auch MOHR, daß der Wissenschaftler immer unter konkreten gesellschaftlichen Bedingungen lebt und arbeitet. Dies möchte er in der Form negieren, indem er einen Codex für die wissenschaftliche Tätigkeit entwirft: Grundbedingung wissenschaftlichen Arbeitens sei „nicht eine formale, materielle oder politische Bindung; es ist ausschließlich die Gemeinschaft in einem geistigen Anliegen. Es ist der Wunsch nach Erkenntnis" [113]. Daß sich hinter diesen scheinbar so wissenschaftsfreundlichen Forderungen positivistischer Ausprägung eine politische Zielsetzung verbirgt, nämlich die Ablenkung der Wissenschaftler von den weltanschaulichen Grundfragen ihres Tuns, wird verschwiegen. Auf die Ideologiefunktion des Positivismus, der sich insbesondere durch ahistorisches Denken, durch eine absolute Trennung von Wissenschaft und Ideologie sowie durch die Leugnung der Möglichkeit in das Wesen von Erscheinungen einzudringen hervortut, kann hier nur hingewiesen, aber nicht näher ausgeführt werden [114, 115].

Die Gesellschaft stellt auf jeder Entwicklungsstufe eine Gesamtheit materieller und ideologischer Verhältnisse zwischen den Menschen dar. Eine der grundlegensten Erkenntnisse des Marxismus besteht in der Aufdeckung des Zusammenhangs zwischen der Produktionsweise und den sozialen, politischen und geistigen Lebensprozessen.

Die materiellen Verhältnisse bilden die Basis für den Überbau, für die Gesamtheit der philosophischen, weltanschaulichen, moralischen Anschauungen sowie den Charakter der politischen, juristischen und kulturellen Institutionen. Obgleich jede Basis ohne ihren Überbau nicht existieren und funktionieren kann, ist letzterer von der Basis abgeleitet, jedoch nicht in Form einer einfachen Kausalbeziehung. Das Verhältnis ist ein dialektisches, da nicht nur die Basis den Überbau determiniert, sondern letzterer auf die Basis zurückwirkt. Auf dieser theoretischen Grundlage vermag der Marxismus Wissenschaft als gesellschaftliches Produkt und als ein Faktor der Gesellschaftsentwicklung zu analysieren. Bereits aus einer solchen Sicht ergibt sich, daß weder die jeweils existierenden philosophischen Lehrmeinungen noch psychologische Faktoren, wie wissenschaftliche Neugier, die allein ausschlaggebenden Faktoren des wissenschaftlichen Progresses sein können. Auch der Marxismus betont den Einfluß dieser einzelnen aufgezählten Faktoren auf den Erkenntnisfortschritt, bezieht sie jedoch in das komplexe gesellschaftliche Gefüge ein.

Einige Aspekte aus diesem vielschichtig miteinander verknüpften Beziehungen sollen wiederum am Beispiel der hier untersuchten Theorienentwicklung herausgestellt werden.

Es ist evident, daß es sich dabei nur um das Hervorheben einzelner Seiten aus dem Netz dialektischer Beziehungen handeln kann, nicht jedoch um eine umfassende Darstellung aller Faktoren und noch viel weniger aller ihrer Wechselbeziehungen. Es geht vor allem darum, erstens, die Haltlosigkeit jener Positionen zu belegen, die glauben, Wissenschaft völlig von den übrigen gesellschaftlichen Erscheinungen und Bedingungen lösen zu können; zweitens soll untersucht werden, ob mit der Reduktion auf *eine* Determinante, das Wesen des Prozesses der Theorienentwicklung erfaßt werden kann. Aus den beiden genannten Punkten ergibt sich drittens die Notwendigkeit, einige der Determinanten, sowie einige ihrer Wechselbeziehungen zu analysieren. Dabei ist solchen Fragen nachzugehen, wie: Ist der Erkenntnisfortschritt nur ein Ergebnis der wissenschaftlichen Neugier? Gibt es einen Zusammenhang zwischen den philosophischen Anschauungen innerhalb eines historischen Zeitabschnitts und der Struktur wissenschaftlicher Ergebnisse? Existiert ein kurzschlüssiger Zusammenhang zwischen dem erreichten Niveau der naturwissenschaftlichen Theorienentwicklung und gesellschaftlichen Verhältnissen? Warum setzen sich manche Erkenntnisse schwerer durch als andere? Ist ein gesellschaftliches Bedürfnis die ausschlaggebende Determinante für den wissenschaftlichen Fortschritt auf einem Gebiet? Wie ist die Rolle des Forschers im Komplex vieler Determinanten der Theorienentwicklung zu bewerten?

Die folgenden Ausführungen beziehen sich hauptsächlich auf die Entwicklung einer Theorie; darauf ist die Wissenschaftsentwicklung jedoch nicht zu beschränken. Ohne Datenkenntnisse, empirische Verallgemeinerungen und Theorien auf anderen Gebieten, ohne erarbeitete Methoden, Methodologien, Modelle, wissenschaftliche Gesetze und Hypothesen, ohne grundlegende Einsichten in den Erkenntnisprozeß können keine neuen Theorien entwickelt, oder bereits existierende verändert werden. Damit ist nicht gesagt, daß im Entwicklungsgang einer speziellen Theorie zu jedem Zeitpunkt alle hier genannten Aspekte direkt einfließen.

Die Analyse der Faktoren für die Entwicklung einer Theorie setzt eine Gliederung in wichtige Teilaspekte voraus. Eine Möglichkeit ist die Unterteilung in objektive und subjektive Faktoren der Theorienentwicklung. Als objektive Einflüsse sollen die gefaßt werden, die unabhängig vom einzelnen Wissenschaftler wirken, während subjektive Faktoren die Einflüsse darstellen, die von der Wissenschaftlerpersönlichkeit ausgehen. Daß hier jedoch keine scharfe Trennung möglich ist, geht daraus hervor, daß einerseits ein Wissenschaftler durch sein Tun objektive Faktoren verändert und neue setzt und andererseits die objektiven Einflüsse erst über das menschliche Handeln wirksam werden. — Die objektiven Faktoren lassen sich wiederum in innerwissenschaftliche und außerwissenschaftliche Determinanten gliedern [116]. Unter wissenschaftlichen Determinanten wollen wir die sich aus der Logik des wissenschaftlichen

Erkenntnisprozesses ergebenden Triebkräfte der Entwicklung verstehen, wie beispielsweise auftretende logische Widersprüche, das Hervortreten wissenschaftlicher Problemdarstellungen bei der Erklärung bestimmter Erscheinungen, die fehlende Kenntnis von Gesetzmäßigkeiten zur Voraussage bestimmter Erscheinungen, eine nicht entwickelte quantitative Durchdringung eines theoretisch widergespiegelten Objektbereiches, eine noch nicht ausgearbeitete umfassendere Theorie zur Sichtbarmachung der sachlogischen Struktur von Teiltheorien, u. a. m.

Als äußere Determinanten der Theorienentwicklung werden vor allem solche Faktoren wirksam, die sich aus den vorausgegangenen und zum jeweiligen Zeitpunkt einwirkenden sozialökonomischen Strukturen ergeben. Hier gilt es u. a. solchen Fragen nachzugehen, wie ideologische Faktoren, davon insbesondere philosophische Denkhaltungen, in der Theorienentwicklung wirksam werden. Des weiteren sind die jeweils erreichten wissenschaftlichen Möglichkeiten, die gesellschaftlichen Bedürfnisse, die gesellschaftliche Bewertung von Forschungsproblemen und Forschungsergebnissen, die Organisation der Forschung und viele andere Determinanten in eine Untersuchung einzubeziehen. Theorienentwicklung als einen vielschichtig determinierten Prozeß zu analysieren schließt mit ein, auch die Rückwirkungen neuer oder veränderter Theorien auf die determinierenden Faktoren zu bestimmen.

Gegenstand der folgenden Ausführungen ist eine Analyse dieser genannten Determinanten im Entwicklungsprozeß der Säure-Base-Theorien. Die aufzuzeigenden Beziehungen tragen den Charakter von hervorgehobenen Beispielen, wobei diese immer vor dem Hintergrund einer dialektischen Verflechtung aller wirkenden Faktoren gesehen werden sollen.

## *5.2. Objektive Faktoren der Theorienentwicklung*

Auf wichtige Determinanten aus der Gruppe objektiver Faktoren der Theorienentwicklung wurde implizit bereits bei der in groben Umrissen erfolgten Rekonstruktion der logischen Entwicklung der Säure-Base-Vorstellungen verwiesen (vgl. Kap. 2.1.), so daß es in Folgendem hauptsächlich darum gehen kann, an ausgewählten Beispielen das Wirken dieser Einflüsse aufzuzeigen.

Das im 15. und 16. Jahrhundert einsetzende Ringen um eine klare Abgrenzung zwischen Säuren, Basen und Salzen und die damit verbundene Klassenbildung und Systematisierung ist ein wichtiger logischer Schritt in der Entwicklung dieses Wissensgebietes, der sich dann als notwendig erwies, als eine Menge empirischen Materials angehäuft war. Dieser Schritt ist ein objektives Erfordernis, das sich stets auf einer bestimmten Entwicklungsstufe als notwendig erweist. Eine solche Situation ist nicht nur in den Anfängen der Naturwissenschaften anzusiedeln, sondern kann in höheren Entwicklungsstufen erneut relevant werden. Im 19. Jahrhundert verweist ENGELS von den empirischen Ergebnissen der Wissenschaft seiner Zeit ausgehend auf die Notwendigkeit, den „Erkenntnisstoff ... systematisch und nach seinem innern Zusammenhang zu ordnen“ [117]. Das systematische Ordnen von Basen, Säuren und Salzen findet durch BOYLE einen ersten relativen Abschluß, wobei der innere Zusammenhang der Substanzklassen noch fast völlig im Dunklen bleibt.

Das systematische Ordnen einzelner Fakten ist eine wichtige Voraussetzung für weiterführende Erkenntnisse und ist damit ein Faktor, der sich auf bestimmten Entwicklungsstufen als unausweichlich erweist. Diese Determinante tritt beim Erreichen eines gewissen Grades wissenschaftlicher Übersichtlichkeit zurück, während Fragen des inneren Zusammenhangs sich immer stärker aufdrängen. Daten und Fakten, die die Voraussetzung zur Beantwortung dieser Fragen notwendig gewesen wären, wurden erst im 19. Jahrhundert gefunden. Wissenschaft hat jedoch „sehr oft mit unvollkommen bekannten Größen zu rechnen“, betont ENGELS und führt weiter aus, daß „die Konsequenzen des Gedankens zu allen Zeiten der mangelhaften Kenntnis forthelfen“ mußte [118]. So entstanden auch eine Reihe von Hypothesen über die strukturell-funktionellen Zusammenhänge zwischen Säuren und Basen. (Stacheln und Poren bei Säuren bzw. Basen; alle Säuren enthalten den gemeinsamen Bestandteil Ursäure, u. a. m.) Eine Erklärung für die vom heutigen Standpunkt sehr spekulativ anmutenden Hypothesen ergibt sich erst aus der Analyse der geistigen Situation jener Zeit. An solchen Punkten wird bereits deutlich, daß die Reduktion auf eine Determinantengruppe — gemeint ist die innere Logik der Wissenschaftsentwicklung — unmöglich ist. Aus Gründen der systematischen Darstellung wird darauf erst in später folgenden Ausführungen eingegangen.

Ein weiterer wichtiger Faktor der innerwissenschaftlichen Determination für die Entwicklung theoretischer Systeme ist das Auftreten logischer Widersprüche. Hingewiesen sei hier auf die an anderer Stelle bereits diskutierten Widersprüche zwischen den theoretischen Folgerungen und den empirischen Befunden in den Aussagen von LAVOISIER über die chemische Zusammensetzung und Funktion von Säuren. Die Entdeckung der Amphoterie durch BERZELIUS mußte zu logischen Widersprüchen innerhalb der starren Zuordnung von Substanzen in die Klasse der Säuren bzw. Basen führen. Das zu BERZELIUS' Lebzeiten erreichte Erkenntnisniveau in der Chemie und in anderen Wissenschaften, insbesondere der Physik, ermöglichte eine Erklärung für die Relativität des sauren bzw. basischen Verhaltens einzelner Substanzen. Es konnte jedoch noch kein theoretisches System entworfen werden, das der Erfahrung ausreichend den Weg wies. Das schlüssige Ableiten von Folgerungen aus Theorien ist nicht nur eine Frage, die für die innerwissenschaftliche Entwicklung bedeutend ist, sondern damit sind mindestens in gleichem Maße Bedürfnisse der chemischen Produktion angesprochen, die wir den außerwissenschaftlichen Determinanten der Theorienentwicklung zuordneten. — Wenden wir uns aber, bevor darauf einzugehen sein wird, noch weiteren innerwissenschaftlichen Faktoren der Säure-Base-Theorien zu: „Durch die Wasserstofftheorie", die der von Berzelius folgte, so schreiben Ussanowitsch und Gehlen, „ließ sich das Verhalten der mehrbasigen Säuren zwanglos deuten. Deshalb war man von der Fortschrittlichkeit dieser Theorie überzeugt" [119]. Ein sich öffnender Erklärungsweg innerhalb einer theoretischen Problemsituation wurde für einen breiten Zeitraum der darauf folgenden Entwicklung bedeutsam. Da können dann auch fruchtbare Ansätze, die — wie wir heute beurteilen können — in Gestalt der Berzeliusschen Theorie entwickelt wurden, zeitweilig zurückgedrängt werden.

Wachsende Erkenntnisse über den Aufbau der Atomhülle und die Theorie der elektrolytischen Dissoziation, also Wissen aus dem Grenzgebiet zwischen Physik und Chemie, bildeten wesentliche Voraussetzungen für die Schaffung der Säure-Base-Theorie durch Arrhenius. Die Entwicklung einer speziellen Theorie hat auch die Entwicklung der Erkenntnisse auf anderen Gebieten zur Voraussetzung. Solches Wissen stellt für die Entwicklung von Theorien auf anderen Gebieten eine Möglichkeit dar, die nicht immer notwendig verwirklicht werden muß. Ob auf anderen Gebieten gefundenes Wissen in neue theoretische Abbilder einbezogen wird, und in welcher Weise das geschieht, ist wiederum eng mit dem Wirken solcher Faktoren verbunden, die sich nicht unmittelbar aus der „Logik der Theorienentwicklung" herleiten. Es ist evident, daß hier beispielsweise praktische Bedürfnisse und subjektive Faktoren, wie das Wissen, die Fähigkeiten und Zielvorstellungen der am Theorienbildungsprozeß beteiligten Menschen eine gewichtige Rolle spielen. Auch die traditionelle Struktur einer Theorie, das der Tradition verhaftete Denken, kann für längere Zeit den Blick für völlig andere Zusammenhänge verschließen. Das zu einem bestimmten historischen Zeitpunkt insgesamt vorhandene Reservoir an Fakten-, Methoden-, Gesetzes-, Hypothesen- und Theorienwissen kann, aber muß nicht in jedem Fall als objektiver Faktor der Genesis neuer oder veränderter Theorien wirksam werden. Die Wissenschaftsgeschichte hat viele Beispiele hervorgebracht die zeigen, daß einzelnes Wissen häufig erst viel später in andere theoretische Systeme einbezogen wurde, als es aus der Sicht im Nachhinein erforderlich gewesen wäre. So waren die wissensmäßigen Voraussetzungen für den Entwurf der Grundstruktur der Brönsted-Lowry-Theorie etwa zum gleichen Zeitpunkt gegeben, als die Theorie von Arrhenius ihren Siegeszug antrat. Da wenig später dieser Theorie durch Ostwald und Sörensen ein quantitative Grundlage gegeben werden konnte, waren erst einmal die wichtigsten Forderungen, die an eine naturwissenschaftliche Theorie gestellt werden, erfüllt. Der Einfluß innerwissenschaftlicher Faktoren war für die sich im historischen Prozeß anschließenden Modifikationsversuche dieser Theorie (Analogiebildungen zum wäßrigen System) sicher weniger bedeutend, als Fragen der praktischen Anforderungen. Erst als die logischen Widersprüche dieser Theorie mit ihrer starren Klassenzuordnung der Substanzen zur empirisch ermittelten Dialektik des Säure-Basen-Prozesses immer zwingender eine grundlegend veränderte Struktur der Theorie aufdrängte, werden wieder innerwissenschaftliche Faktoren der Theorienentwicklung weitgehend bestimmend. Neben der Ausschaltung logischer Widersprüche geht es in der Zeit auch um die Ausweitung der Theorie auf einen breiteren Objektbereich. Verstärkt pflanzt sich diese Tendenz in der Folgezeit nach der Veröffentlichung von BRÖNSTEDS Theorie fort. Den Entwürfen von LEWIS und USSANOWITSCH liegt bei Beibehaltung des Konzepts des korrespondierenden Säure-Base-Paares vor allem das Bemühen um die Erweiterung des theoretischen Abbildes bezüglich der abzubildenden objektiven Systeme zugrunde. Daraus erwächst von neuem das Problem der quantitativen Durchdringung, dafür gegenwärtig zwar Ansätze, jedoch keine umfassenden Lösungen existieren. Inwieweit dieses Problem ausschlaggebender Faktor der weiteren Entwicklung wird, ob und wie Lösungen gefunden werden, oder ob Säure-Base-Theorien in anderen, neuen Theorien aufgehen werden, kann aus heutiger Sicht kaum sicher beantwortet werden. Für die Theorienentwicklung kann kein Algorithmus erstellt werden. Das schließt jedoch nicht das Auffinden einzelner, allgemeiner Komponenten einer solchen Entwicklung aus, die in der weiteren Forschung als heuristisches Moment nützlich werden können. Als solche ergeben sich bei einer zusammenfassenden Sicht aus der Analyse objektiver Faktoren — als Teilaspekt der möglichen Determinanten der Theorienentwicklung — aus einer *speziell betrachteten* Theorie: Erstens verlangt ein bestimmter Grad der Anhäufung empirischen Wissens auf einem Gebiet eine systematische Ordnung. Dazu bedarf es der Aufdeckung allgemeiner Beziehungen zwischen Einzelobjekten, die erst eine Klassenbildung ermöglichen. Eine zweite wichtige Triebkraft ergibt sich, wenn für empirisch ermittelte Erscheinungen keine, oder nur eine unbefriedigende Erklärung existiert. Die aufzufindende Erklärung ist Bestandteil einer Theorie. Ergeben sich aus den Folgerungen der Theorie, die an der objektiven Realität gemessen werden, Widersprüche, so stellt das einen dritten objektiven Faktor der Theorienveränderung dar. Ebenfalls können, viertens, neue Erkenntnisse auf völlig anderen Gebieten genutzt werden, ein theoretisches System auf eine neue Grundlage zu stellen. Fünftens kann das Fehlen quantitativer Aussagemöglichkeiten aus einer Theorie und sechstens die Tendenz der Erweiterung des mit der Theorie erfaßbaren Objektbereichs einen wichtigen Einfluß auf die weitere Entwicklung ausüben.

Siebentens vermögen bereits entwickelte theoretische Strukturen, im Sinne des Korrespondenzprinzips, die sich unmittelbar daran anschließenden Entwicklungswege stark zu beeinflussen. Die Wirkungsweise dieser Faktoren ergibt sich nicht im wissenschaftlichen Selbstlauf, sondern ist — wie bisher nur angedeutet werden konnte, in die Determination außerwissenschaftlicher und subjektiver Faktoren integriert. Kurzschlüssige Kausalbeziehungen werden sich hier nicht aufdecken lassen.

Eine Analyse der außerwissenschaftlichen Faktoren der Theorienentwicklung erweist sich als wesentlich komplizierter als die meist im unmittelbar logischen Zusammenhang wirkenden innerwissenschaftlichen Aspekte des Theorienprogresses.

Es geht vor allem darum, solche Beziehungen in ihrer Spezifik herauszustellen und die Haltlosigkeit der eingangs zitierten Auffassungen bürgerlicher Autoren am konkreten Sachverhalt aufzuzeigen.

Die Begriffsbestimmungen der Säuren und Basen waren zu einem historischen Zeitpunkt immer dem Stand der gesellschaftlichen Erkenntnis entsprechend so fixiert, daß die Klasse der damit widergespiegelten Erscheinungen den subjektiven und gesellschaftlichen Bedürfnissen gemäß beherrscht werden konnten. Es ist deshalb sicher auch kein Zufall, daß es gerade der *Engländer* R. Boyle war, der als Zeitgenosse der bürgerlichen Revolution in seinem sehr populär gewordenen Buch „*Der skeptische Chemiker*“ (1661) sich u. a. auch den Säuren und Basen zuwendet. Die zu dieser Zeit in England aufstrebende Bourgeoisie, vor allem die Vertreter der bereits entwickelten Textilindustrie, hatten ein natürliches Interesse an einer naturwissenschaftlichen Durchdringung der Produktion. Dazu zählte auch die eindeutige Bezeichnung und Charakterisierung verwendeter chemischer Substanzen (insbesondere zum Färben und Bleichen der Stoffe). Das schließt nicht aus, daß bereits in den Anfangsphasen der Alchemie die Begriffe der Säure und der Base immer so gefaßt wurden, wie es dem Wissensstand entsprechend möglich war und dem unmittelbar durch die Alchemisten verfolgten Interessen diente. Die Begriffsbestimmung zeigt immer eine Relation zur Praxis; nur war die Praxis der meisten Alchemisten eine andere als die der Produktion in England in der Mitte des 17. Jahrhunderts. Letztere hatte eine ungleich stärker stimulierte Wirkung auf die Wissenschaftsentwicklung als die Praxis der Alchemisten oder der Handwerker des Mittelalters. Die sich später unter entwickelten kapitalistischen Verhältnissen ausbildende Chemieindustrie am Ende des 19. und am Anfang des 20. Jahrhunderts stimulierte in kurzer Zeit mehr die chemische Forschung als die Praxis in der Periode der Alchemie, die etwa 12 Jahrhunderte währte. Die Folge war ein immenses Anwachsen von empirischen und theoretischem Wissen auf diesem Gebiet; ja, die Chemie vermochte sich erst zur Wissenschaft zu emanzipieren. Theoretische Vorstellungen über

Säuren und Basen werden in diesem Zeitraum in rascher Folge verändert. Es hieße jedoch einen Aspekt zu verabsolutieren, wenn der Theorienbildungsprozeß allein als Funktion der Bedürfnisse der materiellen Produktion gesehen wird.

Der Charakter der Produktionsverhältnisse bestimmt weitgehend die geistige Situation einer Epoche, die wiederum über viele Stufen vermittelt auch auf die Struktur naturwissenschaftlicher Theorien Einfluß gewinnen kann. Betrachten wir das Mittelalter, so spiegelte sich die Hierarchie der Gesellschaft in der Hierarchie des Universums: „Ganz allgemein bestand eine kosmische Ordnung, eine gesellschaftliche Ordnung, eine Ordnung der menschlichen Körper, alles Zustände, zu denen die Natur zurückstrebte, wenn die Ordnung gelöst worden war. Alles hatte seinen Platz und jedes kannte ihn. Auch die Elemente befanden sich in einer bestimmten Anordnung — zuunterst die Erde, darüber das Wasser, darüber wieder die Luft und das Feuer als edelstes Element ganz oben" [120]. Die Hierarchie der Stoffe wurde mit dem Einpflanzen verschiedener Qualitäten in ein qualitätsloses Substrat erklärt [121]. Mit dieser theoretischen Grundlage konnten die Alchemisten mühelos das saure Verhalten einiger Substanzen mittels einer darin enthaltenen Ursäure erklären.

Die Alchemie verdankt ihren Höhepunkt im 14. und 15. Jahrhundert in Europa der allmählichen Verwandlung der Naturalrente in Geldrente, die die Nachfrage nach Edelmetallen stark stimulierte. Die Folge war die Förderung der Alchemie durch die Herrschenden jener Zeit. Die in vielen Fällen unmittelbare Kettung der Alchemisten an Klöster und Herrscherhäuser widerspiegelt sich folgerichtig auch in ihren Ansichten über die Natur, in die die philosophische Gedankenwelt über Gesellschaftsstrukturen direkt hineinprojeziert wurden. Das betrifft die genannten Grundannahmen der Alchemie, die sich auch in einzelnen Theorien über die Reaktion der Stoffe niederschlugen [122].

Es wäre aber unrichtig, Alchemie auf Goldmacherei reduzieren zu wollen. Liebig, einer der Mitbegründer der modernen, wissenschaftlichen Chemie verweist darauf: „Die Alchemie ist niemals etwas anderes als die Chemie gewesen; ihre beständige Verwechslung mit der Goldmacherei des 16. und 17. Jahrhunderts ist die größte Ungerechtigkeit. Unter den Alchemisten befand sich stets ein Kern echter Naturforscher, die sich in ihren theoretischen Ansichten häufig selbst täuschten, während die fahrenden Goldköche sich und andere betrogen.

... Was Glauber, Böttger, Kunkel in dieser Richtung leisteten, kann kühn den größten Entdeckungen unseres Jahrhunderts an die Seite gestellt werden" [123]. Wird die Frage gestellt, ob es solche hervorragenden Einzelleistungen auf dem Gebiet der Chemie waren, die zum allmählichen Bruch mit den Grundvorstellungen der Alchemie führten, oder ob noch andere, gewichtigere Ursachen anzuführen sind, so ergibt sich, daß vorrangig nicht die sich immer deutlicher abzeichnende Unmöglichkeit einer Stofftransmutation (innerwissenschaftlicher Faktor) zu einer Wende führte, sondern die Tatsache, daß Handel und Manufakturen in verstärktem Maße chemische Substanzen, darunter in großem Umfang Salze, Säuren und Basen und Kenntnisse ihrer chemischen Reaktivität benötigten. Der Niedergang des Feudalismus in Europa fällt historisch mit dem Übergang zu einer wissenschaftlich begründeten Chemie zusammen. Ähnlich, wie das aufstrebende Bürgertum im 17. und 18. Jahrhundert neue gesellschaftsliche Horizonte abzeichnet, bildete sich auch eine Übergangsphase zur modernen Chemie heraus, die Phlogistonchemie. Ihr bekanntester Vertreter G. E. STAHL (1660—1704) bestreitet zwar nicht die Möglichkeit einer Stofftransmutation, lenkt aber die Zielstellung chemischer Forschung auf „gemeinnützliche Dinge" [124] und versteht darunter Verbesserungen in den Gewerken, die chemische Umwandlungen betreiben. Insbesondere BACONS philosophische Aussagen über die Notwendigkeit naturwissenschaftlichen Experimentierens und DESCARTES mechanisch-materialistische Lehren haben seit dem 16. Jahrhundert in zunehmendem Maße das Denken und Handeln der Chemiker beeinflußt. Jedoch wird die Chemie als wissenschaftliche Disziplin nicht aus neuen philosophischen Systemen geboren.

Die entscheidenden Faktoren des quantitativen Sprungs von der Alchemie in die Chemie der Neuzeit waren die Veränderungen der gesellschaftlichen Verhältnisse, die Epoche des Übergangs vom Feudalismus zum Kapitalismus. In jener Zeit wurden nicht nur eine Fülle neuer chemischer Fakten gesammelt und neue Theorien entwickelt, sondern auch das methodische Vorgehen in der Wissenschaft revolutioniert. Der Übergangsprozeß zur wissenschaftlichen Chemie wäre nicht möglich gewesen ohne das wissenschaftliche Experiment. Dessen Nutzung als Mittel und Quelle der Erkenntnis setzte eine Abkehr von der mittelalterlichen Scholastik voraus. War die Weltanschauung in der Blüte des Mittelalters vorwiegend theologisch geprägt, so wurden in der sich anbahnenden Übergangsphase des 14. bis 16. Jahrhunderts zum kapitalistischen Zeitalter, immer stärker materialistische Tendenzen sichtbar. Das immer bedeutender werdende Experiment in Einheit mit der Renaissance des antiken Atomismus in Gestalt des chemischen Atomismus, waren Ausdruck einer unbefangeneren Auffassung über das Naturgeschehen und die Wege seiner Erkenntnis. Die Erkenntnisse der Naturwissenschaftler, allen voran KOPERNIKUS und GALILEI, leisteten einen nicht zu überschätzenden Beitrag für die Entwicklung einer materialistischen Grundhaltung bei der Erforschung der Natur und ihrer theoretischen Widerspiegelung. Die Chemiker griffen — beginnend mit BOYLE, wichtige Aspekte dieser Grundhaltung auf und trugen durch ihre Arbeit zu ihrer Festigung und Ausweitung bei. Damit wurde der Weg für die Erfolge geebnet, die mit der Sauerstofftheorie von LAVOISIER ihre einstweilige Krönung erhielten. Die chemischen Eigenschaften der Stoffe wurde rein materialistisch, allein aus der elementaren Zusammensetzung heraus erklärt.

War das materialistische Naturverständnis auch ein nicht zu überschätzender Fortschritt, so war es jedoch geprägt durch häufig mechanistisches Inbeziehungsetzen einzelner Tatsachen. Das ist einer Zeit nicht anzulasten, wo sich einzelne wissenschaftliche Gebiete erst in ihrer Eigenständigkeit herausbildeten, wo seit Jahrhunderten existierende Denkschemata erst überwunden werden mußten. Nur verhinderte diese mechanisch-materialistische Anschauung keineswegs idealistische Konsequenzen. ENGELS führt in der „Dialektik der Natur" aus, daß mit einer solchen Konzeption jegliche Entwicklung ausgeklammert wurde [125].

Auf die Chemie hatte das geringere Auswirkungen als beispielsweise auf die Biologie oder Gesellschaftstheorie, da die Frage der Entwicklung der chemischen Elemente und ihrer Verbindungen nicht zu ihrem Gegenstand zählt. Für die chemische Wissenschaft waren mechanistisch interpretierte Struktur-Eigenschaftsbeziehungen, die aus einer solchen Konzeption zwangsläufig folgen mußten, weitaus gravierender. Wie sich eine solche Denkhaltung auswirken konnte, wurde an der Aufnahme der BERZELIUS'schen Theorie sichtbar.

Das Neue, Umwälzende dieser Theorie wird von den meisten Zeitgenossen nicht gesehen. USSANOWITSCH und GEHLEN bemerken dazu: „Die Theorie von BERZELIUS ist ein treffendes Beispiel für Ansichten, die ihrer Epoche weit vorausgeeilt sind. Kein Wunder, daß dieses System letzten Endes verworfen wurde ..." [126]. Für ein theoretisches System, das seiner Epoche vorausgeeilt ist, ist charakteristisch, daß dieses sowohl mit den Grundvorstellungen in dem jeweiligen Fachgebiet als auch mit sehr allgemeinen – philosophischen – Anschauungen nicht konform geht. ENGELS charakterisierte die Grundhaltung der Naturwissenschaftler jener Zeit treffend dahingehend, daß sie die Dinge „nebeneinander" betrachteten [127]. An anderer Stelle führt er aus: „Das Jahr 1848, das in Deutschland mit nichts fertig wurde, hat nur auf dem Gebiet der Philosophie eine totale Umkehr zustande gebracht." Deren Einfluß auf die Naturwissenschaften war jedoch nicht spürbar: „Mit der Hegelei warf man die Dialektik über Bord – gerade im Augenblick, wo der dialektische Charakter der Naturvorgänge sich unwiderstehlich aufzwang, wo also nur die Dialektik der Naturwissenschaft über den theoretischen Berg helfen konnte – und verfiel damit wieder hülflos der alten Metaphysik" [128]. Hier wird der philosophische Hintergrund der Ablehnung der BERZELIUSschen Vorstellungen sichtbar. Jedoch dies als alleinige Ursache der Ablehnung zu sehen, wäre einseitig; es handelt sich hier nur um einen Aspekt. Es kann davon ausgegangen werden, daß ein anderer gesellschaftlicher Faktor auf die Ablehnung dieser Theorie einen noch größeren Einfluß hatte: BERZELIUS vermochte einige beobachtete Phänomene nicht zu erklären, so das der mehrbasigen Säuren. Damit fehlte auch die Möglichkeit der theoretischen Voraussage über den Ablauf chemischer Prozesse, was eine geringe Praxiswirksamkeit zur Folge hatte.

Erst mit Hilfe der „Wasserstofftheorie" konnte das chemische Verhalten der mehrbasigen Säuren problemlos erklärt werden. Diese Tatsache festigte die Überzeugung, daß mit dieser Theorie ein echter Fortschritt erreicht worden sei [129]. Später konnte durch OSTWALD und SÖRENSEN die ARRHENIUS-Theorie quantifiziert werden. Sie erhielt damit eine Bedeutung für die sich in jener Zeit entwickelnde anorganische Chemieindustrie, die kaum überschätzt werden kann. Sehr viele chemisch-technische Prozesse sind abhängig vom pH-Wert und anderen Parametern und nur über deren Messung und Berechnung steuerbar.

Im Verlaufe der weiteren Entwicklung der chemischen Wissenschaft und der Chemieindustrie erwies sich die Bindung der Säure-Base-Theorie an wäßrige Systeme zu eng. Daraus resultierten eine Reihe von Versuchen, diese Theorie auch auf andere Systeme auszudehnen (FRANKLIN, BJERRUM, CADY und ELSEY).

Wie groß das gesellschaftliche Bedürfnis war, die ARRHENIUS-Theorie bzw. die daraus hervorgegangenen Analogiebildungen abzulösen, zeigte erstens die gleichzeitige Entwicklung identischer Theorien (BRÖNSTED, LOWRY), zweitens die schnelle Verbreitung und Anerkennung in Forschung, Industrie und im Hochschulbereich. Die gesellschaftliche Bewertung von Forschungsproblemen und -ergebnissen erweist sich als ein gewichtiger Faktor bei der Entwicklung und Durchsetzung einer neuen bzw. veränderten Theorie.

Die Ablehnung der BERZELIUSschen Überlegungen wurde begründet mit der Unmöglichkeit ihrer unmittelbaren Nutzung sowie mit der allgemein verbreiteten philosophischen Denkhaltung jener Zeit, die Dinge nicht als sich bewegende, widersprüchliche, als sich wechselseitig bedingende Teile eines Ganzen zu sehen. Daraus könnte nun die Folgerung erwachsen, daß die spätere Anerkennung der dialektischen Säure-Base-Widerspiegelung auch an herrschende philosophische Auffassungen zu knüpfen sei. Daß hier nur selten eine kurzschlüssige Korrelation nachweisbar ist, wurde bereits durch die Tatsache, wonach die Dialektik in der Philosophie HEGELS zunächst nicht für die Naturwissenschaften fruchtbar wurde, deutlich. ENGELS zeigte auf, daß aus den naturwissenschaftlichen Erkenntnissen heraus sich der Zwang zur Dialektik entwickelte. War das HEGELsche System „den Tatsachen gegenüber eine willkürliche Konstruktion" [130] mit idealistischem Ausgangspunkt, so kam ENGELS über das Studium der Naturwissenschaft, indem er deren Erkenntnisse philosophisch verallgemeinerte, zu einer materialistischen und dialektischen Interpretation der Natur: „Die Körper sind nicht von der Bewegung zu trennen, ihre Formen und Arten nur in ihr zu erkennen, von Körpern außer der Bewegung, außer allem Verhältnis zu den anderen Körpern, ist nichts zu sagen. Erst in der Bewegung zeigt der Körper, was er ist. Die Naturwissenschaft erkennt daher die Körper, indem sie sie in ihrer Beziehung aufeinander, in der Bewegung betrachtet. Die Erkenntnis der verschiedenen Bewegungsformen ist die Erkenntnis der Körper" [131]. Diese philosophische Verallgemeinerung konnte nun wieder Grundlage für die Analyse naturwissenschaftlicher Einzelprobleme sein. ENGELS verweist in der auf diesen Gedanken fußenden „*Dialektik der Natur*" (und im „*Anti-Dühring*") darauf, daß sich die materialistische Dialektik in abgegrenzten Gebieten spontan durchsetzte; die Naturwissenschaftler können sich jedoch bei bewußter Nutzung der Dialektik als Theorie und Methode mancherlei Irrtümer, Stagnationsphasen und Hemmnisse, die in Gestalt überholter Denkschemata auftreten, ersparen. Zu Lebzeiten von ENGELS konnten nur wenige Naturwissenschaftler Zugang zur philosophischen Theorie der materialistischen Dialektik finden. Zwar wurden die wesentlichsten Aspekte der materialistischen Dialektik im „*Anti-Dühring*" entwickelt; die für die Belange der Naturwissenschaftler noch spezifischer zugeschnittenen Ausführungen in der „*Dialektik der Natur*" konnte ENGELS jedoch nicht vollenden, weil er nach dem Tode von MARX die vollständige Herausgabe des „*Kapitals*" besorgte. Erst 1925 wurde sie in russischer Übersetzung in der Sowjetunion einem breiteren Publikum zugänglich. Eine Ausnahme bildete der hauptsächlich auf organischem Gebiet tätige Chemiker SCHORLEMMER, ein enger Freund von MARX und ENGELS, der die Hauptgedanken, die ENGELS in der „*Dialektik der Natur*" entwickelte, aufgriff und sie bewußt und erfolgreich in den Dienst der eigenen Forschung stellte [132].

Häufig hinderte die traditionelle Bindung an bestimmte Widerspiegelungsschemata für einen längeren Zeitabschnitt prinzipiell neue Lösungswege, bzw. sie wurden, sofern diese bekannt wurden, nicht, oder nur geringfügig genutzt und weiterentwickelt. Das Grundmuster der ARRHENIUS-Theorie bildete für eine längere Zeit eine Art Axiom für Säure-Base-Widerspiegelungen. Aus heutiger Sicht kann konstatiert werden, daß bereits lange vor dem Jahre 1923 (BRÖNSTED, LOWRY), der theoretischen Wiedergeburt grundlegender Gedanken von BERZELIUS, das wissenschaftliche Tatsachenmaterial als Voraussetzung für die wirklichkeitsadäquate theoretische Fassung des Säure-Base-Prozesses existierte. Im Denken über diesen Gegenstandsbereich mag hier auch ein Faktor wirksam geworden sein, der bereits ein Jahrhundert vorher ein retardierendes Moment der theoretischen Entwicklung darstellte. Die allgemeine Situation der Wissenschaft des 19. Jahrhunderts charakterisierend führt HAGER darüber aus: „Wenn auch die großen Errungenschaften der Naturwissenschaft des 19. Jahrhunderts ihrem objektiven Inhalt nach die Dialektik in der Natur aufdeckten und die alte Metaphysik zerstörten, so blieben doch die Naturforscher in der Mehrheit subjektiv auf dem Boden der metaphysischen, mechanistischen Naturbetrachtung stehen und fuhren fort, in absoluten, starren, unbeweglichen Kategorien zu denken. Obwohl sie Entdeckungen machten, die die objektiv vorhandene Dialektik offenbarten, versuchten sie diese in die Zwangsjacke der metaphysischen Denkweise zu pressen und das Unvereinbare miteinander in Einklang zu bringen: die Dialektik mit der Metaphysik, mit Mechanismus. So entstand ein neuer, tiefer Widerspruch in der Naturwissenschaft: Der objektive Inhalt ihrer Entdeckungen erwies sich im Grunde als unvereinbar mit der subjektiven Bewertung dieser Entdeckungen durch die Naturforscher, mit deren veralteter metaphysischer Weltanschauung und Denkmethode" [133]. Diese Charakteristik kann bezüglich der theoretischen Widerspiegelung des Säure-Base-Prozesses bis auf den Beginn des 20. Jahrhunderts ausgedehnt werden. F. PAULSEN, der sonst keine Nähe zum Gedankengut von MARX und ENGELS zeigt, beklagt im Jahre 1906 mit bissiger Ironie: „... die wissenschaftliche Forschung, die vor mehr als zweitausend Jahren mit Thales auszog, eine allgemeine Theorie der Wirklichkeit zu suchen, ist am Ende mit Fausts Famulus zufrieden und froh, wenn sie Regenwürmer zergliedern kann" [134]. Das Beharren der meisten Naturwissenschaftler an bestehenden Grundauffassungen, ihre Meinung, daß es zu „allgemeinen Gedanken ... noch zu früh (sei), erst müsse die Einzelforschung zu Ende gebracht sein" [135], behinderte selbst dort, wo die Voraussetzungen in Gestalt von Einzelerkenntnissen vorlagen, die theoretische Synthese zu einem Ganzen, das die Dinge in ihrem objektiven Zusammenhang adäquat reflektiert.

PAULSEN, der den Versuch unternimmt, „die religiöse Weltanschauung und die wissenschaftliche Naturerklärung miteinander verträglich zu machen" [136] kann zwangsläufig die wirklichen Ursachen dieser Situation nicht aufdecken. Naturgemäß hatte die Bourgeoisie keinerlei Interesse, eine Philosophie, wie sie MARX und ENGELS entwickelten, zu unterstützen, deren Kernpunkt in der Hervorhebung der dialektischen Einheit von Natur und Gesellschaft, von natürlicher und gesellschaftlicher Entwicklung besteht. Andererseits brauchte die Bourgeoisie jedoch dringend Fortschritte in den Naturwissenschaften für die Effektivierung der Produktion im Interesse der Profitmaximierung. Aus diesem Zwiespalt resultierten und resultieren eine Fülle philosophischer „Ismen", deren Gemeinsamkeit darin besteht, bestenfalls in logischen und methodologischen Detailfragen der Wissenschaft weiterzuhelfen, jedoch geben sie zu grundlegenden erkenntnistheoretischen, weltanschaulichen und Entwicklungsproblemen keine Antwort bzw. es werden Einzelaspekte so verabsolutiert, daß die Gesamtsicht falsch wird. Die Meinungen der am Anfang dieses Kapitels zitierten Autoren (WEIZSÄCKER, MOHR, BÖHM) bezeugen sehr aufschlußreich diesen Sachverhalt.

Wenn bisher betont wurde, daß Wissenschaft sich in der Geschichte nicht als von der Gesellschaft unabhängiger Bereich entwickelt, sondern maßgeblich

— wenn auch nicht ausschließlich — von einer Reihe gesellschaftlicher Faktoren beeinflußt wird, so muß im Zusammenhang mit den hier angesprochenen Faktoren der Theorienentwicklung über Säuren und Basen berücksichtigt werden, daß die genannten Tatsachen erstens den Charakter von Beispielen aus der Fülle tatsächlich existierender Beziehungen haben; zweitens ist es für eine dialektische Sicht notwendig, nicht nur einzelne aus der Gesellschaft wirkende Faktoren in ihrer Wirkungsweise aufzuführen, sondern auch Fragen der Rückkopplung wissenschaftlicher Ergebnisse auf die Gesellschaft zu analysieren. Hier besteht die Gefahr kurzschlüssiger Folgerungen, denn es ist offensichtlich, daß nicht von jeder speziellen Theorie ausgehend, ein solcher Einfluß nachweisbar sein kann. Erst das insgesamt erreichte Niveau von Wissenschaft und Technik ist hier bedeutsam.

## *5.3. Subjektive Faktoren der Theorienentwicklung*

In den Naturwissenschaften ist es Tradition, wichtige Gesetze, Theorien oder Maße nach Personen zu benennen, die diese entdeckt, entwickelt oder festgelegt haben. Bei oberflächlicher Betrachtung kann die Entwicklung der Wissenschaft lediglich als eine Folge bedeutender Leistungen herausragender Forscher erscheinen. Auch die Säure-Base-Theorien bilden hier keine Ausnahme. Für Abhandlungen bürgerlicher Autoren zu wissenschaftshistorischen Themen ist es typisch, die wesentlichen Determinanten des Erkenntnisfortschritts vorwiegend in den persönlichen Qualitäten der erfolgreichen Forscher zu sehen. Erkenntnisdrang, hoher Intellekt, Intuition, wissenschaftlicher „Spieltrieb" u. a. m. werden häufig soweit als Faktoren der Wissenschaftsentwicklung verabsolutiert, so daß der Eindruck entstehen muß, daß objektive Faktoren bestenfalls als Randbedingungen Bedeutung haben. Das handelnde Individuum wird aus den gesellschaftlichen Bedingungen gelöst, die Dialektik zwischen Individuum und Gesellschaft ignoriert. Wenn es aufgrund des meist recht spärlich überlieferten Materials hervorragender Wissenschaftler über die subjektiven Beweggründe ihres Forschens schwierig ist, die Motive ihres Schaffens zu ergründen, so läßt sich doch mit Hilfe anderen Tatsachenmaterials, u. a. auch im Entwicklungsgang der Säure-Base-Theorien, die Haltlosigkeit einer solchen, einen Aspekt verabsolutierenden, Position nachweisen.

Bereits an anderer Stelle wurde hervorgehoben, daß eine genetische Wurzel der Wissenschaft im Zusammenhang mit der Erzeugung materieller Güter zu suchen ist. Zu der Zeit, da noch keine arbeitsteilige Unterscheidung zwischen „Erkenntnis-Produktion" und materieller Produktion existierte, erfuhr das Streben nach Wissen über einzelne Naturvorgänge eine direkte Determination aus Wünschen zur Erfüllung sehr elementarer Lebensbedürfnisse. Es ist davon auszugehen, daß das Interesse, die Beobachtungs- und Verallgemeinerungsfähigkeit einzelner Menschen in diesem Prozeß eine außerordentlich wichtige Rolle spielten; sicher ist aber das Motiv für das Auffinden des daraus hervorgegangenen Wissens nicht auf die Eigenschaft „menschlicher Erkenntnisdrang" reduzierbar.

In den nachfolgenden Perioden, da sich die Alchemie und später auch die wissenschaftliche Chemie herausbildeten, ist Erkenntnisgewinn über die Natur und dessen praktische Nutzung nicht mehr nur unmittelbar mit der materiellen Bedürfnisbefriedigung verbunden. Die gewachsene Produktivität erlaubte es einer kleinen Schicht unabhängig vom unmittelbaren Zwang Gebrauchswerte zu erzeugen, sich mit „unproduktiven Fragen" zu beschäftigen. Diese objektiven Bedingungen, die erst eine Forschungstätigkeit im engeren Sinne ermöglichten, bestimmen auch die globalen Ziele des Erkennens. So war es beispielsweise zwar dem einzelnen Alchemisten überlassen, welche chemischen Manipulationen er vornahm und von welchen theoretischen Gesichtspunkten er ausging bzw. auf welche er aufgrund seiner Ergebnisse Schlußfolgerungen zog, wenn es nur dem Ziel diente, Gold oder den Stein des Weisen zu finden. Dieses Ziel war das Ziel der Herrschaftshäuser und Klöster, in denen die Alchemisten tätig waren. Das schließt nicht aus, daß nicht ähnliche Interessen, nämlich Geldgier, auch zum persönlichen Motiv einzelner Alchemisten wurde, die relativ unabhängig von einem Fürstenhof bzw. Kloster waren. WELLING, selbst ein Alchemist, gibt 1748 folgendes Bild: „Nachdem aber heutzutage das Gold und Silber, als des Reichtums vornehmste Materie, durch Mißbrauch und Übermut an ungerechte Orte gebracht worden, und dahero in denen Münz-Officinen zu fehlen beginnen, folglich eine Universal Armut eingerissen ist, so hat die blinde Begierde nach dem Lapide auch fast universal werden wollen, daher in wenig Jahren so viele dicentes davon gemacht worden, daß man über 8000 bis 10000 Bücher davon lesen kann. Und man sehe sich nur ein wenig ... um, so wird man finden daß viele Kaiser, Könige, Fürsten, edle und gemeine Leute, Gelehrte und Ungelehrte, sogar Handwerksleute, Seifensieder, Strumpfstricker usw. mit dem Lapide beschäftigt gewesen und noch sind" [137]. An dieser Stelle muß darauf verwiesen werden, daß damit nur ein Faktor der sich entwickelnden Chemie in jener Zeit und auch nur ein Arbeitsgebiet erfaßt wird. So glaubten zwar auch AGRICOLA, GLAUBER, BOYLE, LEMERY und BECHER an die Möglichkeit der Transmutation, ihr wissenschaftliches Augenmerk galt jedoch hauptsächlich der Pharmazie, Metallurgie, der Präparation von Substanzen sowie der Analyse ihrer physikalischen und chemischen Eigenschaften. Wenn BOYLE beispielsweise Versuche zum Ersatz von Holzkohle gegen Steinkohle für die Metallgewinnung anstellte, oder Säuren, Basen und Salze experimentell untersuchte und die Ergebnisse so verallgemeinerte, daß sie in breiterem Maße nutzbar werden konnten, so sind die wesentlichen Determinanten dieses Handelns besonders in den Bedürfnissen der wachsenden Hütten- und Textilproduktion Englands zu suchen. Selbstverständlich spielten auch persönliche Interessen, Begabungen und Fähigkeiten — also subjektive Faktoren eine sehr große Rolle in Boyles Schaffen. Diese Fähigkeiten konnten aber wiederum erst bedingt über andere, objektive Gegebenheiten, wirksam werden: Boyle erhielt als Sohn des Earl of Cork ein ansehnliches Vermögen, das es ihm gestattete, ein eigenes Laboratorium einzurichten und unabhängig von materiellen Sorgen Studien zu treiben. Es zeigt sich, daß die Leistungen Boyles aus dem wechselseitigen Zusammenwirken objektiver und subjektiver Faktoren der Wissenschaftsentwicklung erwuchsen. Die Produktion neuen Wissens schafft nicht nur neue objektive Bedingungen, auf denen weiter aufgebaut werden kann, sondern es bewirkt auch Veränderungen des in der Gesellschaft tätigen Subjekts. Objektive Faktoren der Wissenschaftsentwicklung werden über die Tätigkeit einzelner Individuen wirksam. Dieser Vorgang setzt eine intellektuelle Aufnahmebereitschaft voraus und kann nicht als mechanistische Beziehung begriffen werden. Voraussetzung für den Durchbruch einer neuen Idee, einer neuen Theorie oder Methode ist das Zusammenfließen von persönlichem Engagement und gesellschaftlichem Interesse. Berzelius, dessen Lebenswerk sich in etwa 250 veröffentlichten Arbeiten über viele Gebiete der Chemie niederschlug, hatte mit seiner elektrochemischen Theorie und ihrer Anwendung auf Säure-Base-Systeme keine unmittelbaren Erfolge. Erst später, als die innerwissenschaftlichen und außerwissenschaftlichen Bedingungen entsprechend herangereift waren, bestand eine Aufnahmebereitschaft dieses Gedankengutes. Aus einem wissenschaftlichen Gedankensystem müssen Handlungsanweisungen gewinnbar sein, die entweder in der Produktion, im gesellschaftlichen Leben oder im Forschungsprozeß wirksam werden, andernfalls wird es ignoriert oder erst mit Verzögerung erneut aufgegriffen. Die wissenschaftliche Arbeit des einzelnen vermag eine gewissermaßen „autokatalytische Funktion" auf weitere Arbeiten im engeren Fachgebiet und auch auf allgemeine Fragen der Erkenntnis auszuüben. Es ist bemerkenswert, wie Berzelius diesen Sachverhalt in einer Aussage über den dialektischen Charakter des Erkenntnisprozesses zum Ausdruck bringt: „Alle unsere Theorie ist nichts anderes als eine Art, sich den inneren Verlauf eines Phänomens auf konkrete Weise vorzustellen und sie ist annehmbar und ausreichend, wenn alle in der Wissenschaft bekannten Tatsachen aus ihr abgeleitet werden können. Eine Vorstellungsweise kann dennoch falsch sein und obgleich das leider oft vorkommen mag, erfüllt sie während einer gewissen Periode in der Entwicklung der Wissenschaft ebenso vollkommen ihren Zweck wie eine richtige Theorie. Die Erfahrungen mehren sich, Tatsachen werden gefunden, die nicht mit ihr übereinstimmen und man wird gezwungen, eine neue Vorstellungsweise zu suchen, die auch auf diese Tatsachen passen, und auf diese Weise werden zweifellos von Zeitalter zu Zeitalter die Vorstellungsweisen in demselben Maße geändert werden als die Erfahrung wächst und die vollkommen richtige Deutung wird vielleicht nie erreicht. Aber wenn man auch dieses Ziel nie erreichen kann, laßt und dennoch die Bemühungen, ihm näherzukommen, nicht mißachten" [138]. Diese aus dem Forschungsprozeß direkt resultierende erkenntnistheoretische Einsicht stellt eine hohe persönliche Leistung dar, die mit Sicherheit fördernden Einfluß auf die eigene, sehr erfolgreiche chemische Forschung hatte, wie auch anregend auf die Chemiker jener Zeit und auch später wirkte. Aus seiner Schule gingen solche berühmten Chemiker wie E. MITSCHERLICH, C. G. GMELIN und F. WÖHLER hervor. — Überhaupt stellt die Fähigkeit, Schüler um sich zu scharen und erfolgreich auszubilden, einen vom einzelnen Subjekt ausgehenden bedeutenden Faktor der Wissenschaftsentwicklung dar. Die erfolgreich praktizierte Einheit von Forschung und Lehre kann aber neben den außerordentlich fördernden Einflüssen, in Einzelfragen auch als retardierendes Moment wirken. Ob bewußt oder unbewußt werden bestimmte Prinzipien entwickelt und weitergegeben, die die Sicht für andere Überlegungen mehr oder weniger verdunkeln. So hat LIEBIG, dessen Forschungsergebnisse und Leistungen in der Ausbildung vieler Chemiker seiner Zeit kaum überbewertet werden kann, BERZELIUS Gedanken über den Säure-Base-Prozeß nicht aufgegriffen, sondern die Wasserstofftheorie dagegengesetzt. Die Bewertung wissenschaftlicher Ergebnisse durch den einzelnen, besonders, wenn dieser hohes wissenschaftliches Ansehen genießt, kann die Entwicklungsrichtung eines theoretischen Systems über eine Zeitspanne hinweg maßgeblich beeinflussen. LIEBIG verharrt auf dem BOYLEschen Prinzip, Säuren und Basen als Substanzklassen aufzufassen, die nur über die Neutralisation miteinander in Wechselwirkung treten. Dieses Beharren ist, wie schon ausgeführt, auf das Wirken einer Reihe objektiver Faktoren zurückzuführen. Diese Faktoren wirken jedoch nicht „an sich", sondern gewissermaßen „gefiltert" durch die Person, die einen Beitrag zur Theorienentwicklung leistet. Nur so ist es erklärlich, daß unter gleichen objektiven Bedingungen die innerwissenschaftliche Situation auf einem Gebiet und die Möglichkeiten des weiteren Progresses verschiedene Interpretationen erfahren. Objektive Faktoren der Theorienentwicklung werden so wirksam, wie sich der im Forschungsprozeß Tätige diese zu eigen macht und umsetzt. Dieser Prozeß ist jedoch nicht durch unbegrenzte Willkür bestimmt, sondern das Möglichkeitsfeld theoretischer Leistungen ist durch eine Reihe objektiver Faktoren abgesteckt. (Wissensstand, experimentelle und ökonomische Möglichkeiten, Spektrum philosophischer Anschauungen u. a. m.) Die eigentliche Leistung derjenigen, die wir heute zu den berühmtesten Wissenschaftlern zählen, besteht darin, Möglichkeiten und Entwicklungstrends auf einem Gebiet frühzeitig erkannt und ausgeführt zu haben. Dabei bedurfte es häufig eines standhaften Charakters, dem Neuen zum Durchbruch zu verhelfen. So hatte Arrhenius bei der Verteidigung und Annahme seiner Dissertationsschrift, in der die Grundzüge der Theorie der elektrolytischen Dissoziation entwickelt sind, große Skepsis und Widerstände zu überwinden. Wenn sich auch in der Folgezeit diese Theorie dennoch rasch durchsetzte, so stellt das keinen Selbstlauf dar, der sich einfach aufgrund des Wirkens objektiver Faktoren vollzog. Insbesondere die Leistungen von S. P. L. Sörensen (Einführung des pH-Wertes) und W. Ostwalds (Dissoziationskonstante, Verdünnungsgesetz, Ionenprodukt) vervollkommneten und beförderten das von Arrhenius geschaffene theoretische System. Daß damit gleichzeitig einem wichtigen Bedürfnis der chemischen Industrie entsprochen wurde, ist nicht etwa als Zufall zu werten. Der wachsende Erfolg der Arrhenius-Theorie war das Ergebnis des Zusammenwirkens objektiver und subjektiver Faktoren. Das trifft auch für die vielfältigen Versuche zu, die Arrhenius-Theorie bei Beibehaltung ihres Grundschemas den neu hinzutretenden Anforderungen entsprechend zu verändern. Die Ausweglosigkeit wurde im ersten Viertel unseres Jahrhunderts immer deutlicher und erfuhr mit dem Konzept des korrespondierenden Säure-Base-Paares durch Brönsted und Lowry eine grundsätzliche Veränderung.

Interessant ist in diesem Zusammenhang, daß diese neue Theorie fast ausschließlich mit dem Namen Brönsteds verbunden ist. Sicher ist dieser Umstand auf seine rege Publikationstätigkeit, verglichen zu Lowry, zurückzuführen. Brönsted veröffentlichte zwischen 1923 und 1934 zahlreiche Arbeiten zu diesem Gegenstand im englisch- und deutschsprachigen Raum, während Lowry — soweit feststellbar wurde, seine Ergebnisse in nur einer Arbeit zur Diskussion stellte. Es ist davon auszugehen, daß Lowry und Brönsted übereinstimmend die theoretische Situation auf diesem Gebiet beurteilten und unabhängig voneinander zur gleichen Lösung kamen. Es zeigt sich hier jedoch, daß es keinen einfachen Selbstlauf bei der Verbreitung, Anwendung und Weiterentwicklung einer Theorie gibt, sondern u. a. vom persönlichen Einsatz, von der Überzeugungskraft des Autors abhängt.

Sicher war auch die rasche Entwicklung der chemischen Wissenschaft in Deutschland an der Schwelle zum 20. Jahrhundert nicht nur auf die befruchtende Wirkung der immer mehr erstarkenden Chemieindustrie zurückzuführen, sondern auch auf das äußerst engagierte Wirken solcher Persönlichkeiten, wie beispielsweise Liebig oder Ostwald. In selbstgegründeten Zeitschriften, in populärwissenschaftlichen Publikationen, in zahllosen Vorträgen und nicht zuletzt bei der Ausbildung von Schülern leisteten sie einen hervorragenden Beitrag für die Verbreitung chemischen Wissens [139].

Die Reihe der Beispiele für den Einfluß subjektiver und objektiver Faktoren im Entwicklungsgang der Säure-Base-Theorie ließe sich fortführen. Es kann hier nicht darum gehen, möglichst absolute historische Vollständigkeit anzustreben, alle Beziehungen innerhalb des Theorienentwicklungsprozesses aufzudecken, sondern vor einer einzelnen Theorie ausgehend einen Beitrag für den philosophischen Verallgemeinerungsprozeß zu leisten.

Erstens: In den einzelnen Stufen der Theorienentwicklung bilden der Einfluß objektiver *und* subjektiver Faktoren eine dialektische Einheit. Es lassen sich bestimmte, den Erkenntnisfortgang beeinflussende Faktorengruppen exemplarisch aufzeigen, jedoch ist die objektiv verlaufende Entwicklung einer Theorie das Ergebnis des wechselseitigen Zusammenwirkens unterschiedlicher Einflußgrößen, die sich selbst wiederum innerhalb dieses Prozesses wandeln. Die Reduktion auf einen Faktor impliziert die Gefahr einer mechanistischen oder idealistischen Interpretation des wissenschaftlichen Erkenntnisprozesses. Theorienentwicklung allein aus einer „inneren Logik“ heraus zu interpretieren muß zu der Konsequenz führen, daß etwas „Geistiges“ existiere, welches Richtschnur der Entwicklung sei. Damit wäre die eine Seite der philosophischen Grundfrage, die Frage nach dem Primat von Sein oder Bewußtsein, idealistisch beantwortet.

Die Erklärung des Entwicklungsverlaufs einer Theorie als Ergebnis des Einflusses äußerer Faktoren, beispielsweise bestimmte gesellschaftliche Bedürfnisse, negiert die Rolle der schöpferisch tätigen Persönlichkeit. — Aber Theorienentwicklung allein auf die Leistungen hervorragender Forscher zu reduzieren, hieße, daß diese unabhängig jeglichen gesellschaftlichen Einflusses zu Ergebnissen gelangten. Selbst, wenn das in manchen historischen Darstellungen den Anschein hat, darf jedoch nicht vergessen werden, daß die gesellschaftlichen Umstände weitgehend das Individuum prägen und auch die materiellen Bedingungen für seine Arbeit lieferten.

Zweitens: Ohne menschliche Aktivitäten ist keine Theorienentwicklung möglich. Objektive Entwicklungsfaktoren werden über den handelnden Menschen wirksam. Die objektiven Faktoren bestimmen innerhalb eines stets historisch gegebenen Möglichkeitsfeldes den Spielraum menschlichen Forschens.

Drittens: Die Interpretation vergangener Entwicklungsschritte und die Extrapolation zukünftiger Möglichkeiten ist nur unter Berücksichtigung des dialektischen Zusammenwirkens objektiver und subjektiver Faktoren möglich. Das ist, um mit ENGELS' Worten zu sprechen, die einzig angemessene Denkmethode. Theorienentwicklung ist das Resultat sich wechselseitig beeinflussender Faktoren, die sich selbst wiederum im Ergebnis dieser Entwicklung verändern, wobei an einigen Punkten der eine oder der andere stärker hervortritt bzw. ein anderer in den Hintergrund rückt. Die philosophische Sicht vermag die Dialektik vergangener Entwicklungsprozesse aufzuzeigen und diese in verallgemeinerter Form für die weitere Entwicklung heuristisch fruchtbar machen, sie wird jedoch niemals punktual der einzelwissenschaftlichen Forschung den Weg weisen können.

Das Aufzeigen der objektiven Dialektik des Säure-Base-Prozesses sowie die Dialektik seines bisherigen Erkenntnisweges darf im gesamtgesellschaftlichen Rahmen nicht bei einer bloßen Interpretation stehen bleiben. Wenn MARX im 19. Jahrhundert sagte, daß die Philosophen die Welt nur verschieden interpretiert haben, es jedoch darauf ankomme, sie zu verändern [140], kann Analoges auf jede Zeit und jedes Gebiet übertragen werden. Die in dieser Arbeit angesprochenen offenen chemischen Fragestellungen sind ein winziger Teilaspekt. Aber auch für ihre weitere Bearbeitung und die Nutzung der daraus hervorgehenden Ergebnisse bedarf einer breiteren theoretischen Grundlage, als sie die Chemie selbst zu liefern vermag. Naturwissenschaftliches und philosophisches Denken müssen sich im Gesamtrahmen der Erkenntnis ergänzen und wechselseitig weiterhelfen. Im umfassenden gesellschaftlichen Erkenntnisprozeß bilden beide eine ähnliche untrennbare, sich wechselseitig bedingende Einheit, wie in der objektiven Realität Säuren und Basen im chemischen Prozeß.

# Literatur/Anmerkungen


[1] ENGELS, F., „*Dialektik der Natur*", MEW, Bd. 20, Berlin 1962, S. 480

[2] Vgl.: HÖRZ, H., „*Marxistische Philosophie und moderne Naturwissenschaften*", Berlin 1974, S. 139f.

[3] Eine umfassende, tiefgehende Analyse dieses Wechselverhältnisses ist enthalten in [2]

[4] Vgl.: HÖRZ, H., Zur heuristischen Funktion der marxistisch-leninistischen Philosophie in der naturwissenschaftlichen Forschung, in: „*Weltanschauung und Methode*", herausgg. v. A. GRIESE und H. LAITKO, Berlin 1969, S. 23–29

[5] Alle in der Arbeit verwendeten chemisch-fachlichen und historischen Angaben über den Werdegang der Begriffe und Theorien bezüglich „Säuren" und „Basen" sind folgenden Quellen entnommen:

- ARRHENIUS, S., Über die Dissociation der in Wasser gelösten Stoffe, Z. für physikalische Chemie, **1** (1887)
- BJERRUM, N., Über die Notwendigkeit eines besonderen Antibasenbegriffs, Angewandte Chemie **63** (1951)
- BRICKMANN, J., ZIMMERMANN, H., Über den Tunneleffekt des Protons im Doppelminimumpotential von Wasserstoffbrückenbindungen, Ber. Bunsenges. f. phys. Chemie **70** (1966)

  BRÖNSTED, J. N., The acid-basic funktion of molecules and its dependency on the electric charge typ, J. of Physical Chemistry **6** (1926)
- BRÖNSTED, J. N., Zur Theorie der Säure-Base-Funktion, Berichte der Deutschen Chemischen Gesellschaft **61** (1928)
- BRÖNSTED, J. N., Zur Theorie der Säuren und Basen und der protolytischen Lösungsmittel, Z. für physikalische Chemie, **169** (1934)
- CHARLOT, GR., WÖLFF, I. P., LACROIX, S., Une generalisation de la theorie de Brönsted ne chemie analytique, Analytica chim. Acta **1** (1947)
- EBERT, L., KONOPIK, N., Saure und basische Funktion, österr. Chemiker Ztg., **50** (1949)
- FITZ, I., „*Reaktionstypen in der anorganischen Chemie*", Berlin 1975
- FRANKLIN, E. G., The Ammonia System of Acids, Basis and Salts, Am. chem. J. **47** (1912)
- FROST, A. A., PEARSON, R. G., „*Kinetik und Mechanismen homogener chemischer Reaktionen*", Weinheim/Bergstraße 1964
- HENRION, G., Zur Geschichte der Säure-Basen-Theorie, Wissenschaft und Fortschritt **16** (1966)

– Hoyer, E., Hallpap, P., Knöchel, W. (Hrsg.), Chemielehrprogrammbücher/Hochschulstudium, „*Säuren und Basen*“, Leipzig 1971
– Ihde, A. H., „*The Development oder Modern Chemistry*“, New York, London 1964
– Kirmse, E. M., 50 Jahre Säure-Base-Theorie nach Brönsted, Chemie in der Schule, **20** (1973), 8/9
– Kolditz, L. (Hrsg.), „*Anorganisch-chemisches Lehr- und Praktikumsbuch*, („*Anorganikum*“), Berlin 1967
– Kortüm, G., „*Lehrbuch der Elektrochemie*“, Weinheim/Bergstraße 1962
– Lewis, G. N., „*Valence and the structure if atoms and molecules*“, New York 1923
– Mulliken, R. S., J. Am. Chem. Soc. **77** (1955)
– Nöding, S., „*Stoffe und Reaktionen*“, Freiburg/Basel/Wien 1976
– Partington, J. R., „*A History of Chemistry*“, Bd. 2, London 1961, Bd. 3, London 1962, Bd. 4, London 1964
– Pearson, R. G., Hard and soft Acids and Bases, J. of the American Chemical Society **85** (1963)
– Reuber, R., Wellens, H., Gruss, K., „*Chemikon, Chemie in Übersichten*“, Frankfurt am Main 1972
– Römp, H., „*Chemielexikon*“, Stuttgart 1966
– Schiller, K., Säuren und Basen, Wissenschaft und Fortschritt **12** (1962)
– Ströker, E., „*Denkwege der Chemie*“, Freiburg/München 1967
– Ullmann, „*Ullmanns Encyclopädie der technischen Chemie*“, Bd. I, München 1964
– Ussanowitsch, M. J., Moderne Theorien über Säuren und Basen, Wissenschaft und Fortschritt **14** (1964)
– Ussanowitsch, M. J., Gehlen, H., Bemerkungen zur Geschichte der Säure-Basentheorie, Wissenschaft und Fortschritt **17** (1967)
– Walden, P., „*Acids and Bases, Electrolytes, Stereochemistry*“, New York 1929
– Walden, P., „*Drei Jahrtausende Chemie*“, Berlin 1962
– Walden, P., „*Chronologische Übersichtstabellen* zur Geschichte der Chemie“, Berlin/Göttingen/Heidelberg 1952
– Werner, H., Harte und weiche Säuren und Basen – ein neues Klassifikationsprinzip, Chemie in unserer Zeit (1967), 1
– Winkler, F., Einige philosophische Probleme zur Säure-Basen-Theorie, Chemie in der Schule **17** (1970)

[6] Lenin, W. I., „*Philosophische Hefte*“, Werke Bd. 38, Berlin 1964, S. 273
[7] Ebenda, S. 156
[8] Hörz, H., „*Der dialektische Determinismus in Natur und Gesellschaft*“, Berlin 1971, S. 63
[9] Rubinstein, S. L., „*Das Denken und die Wege seiner Erforschung*“, Berlin 1961, S. 37/38
[10] Marx, K., „*Zur Kritik der Politischen Ökonomie (Einleitung zur Kritik der Politischen Ökonomie)*“, MEW, Bd. 13, Berlin 1961, S. 617
[11] s. [6], S. 160

[12] Struktur und Zusammensetzung sollen hier nicht gleichgesetzt werden; vielmehr wird davon ausgegangen, daß das Wissen über die Zusammensetzung einer Substanz eine Grundvoraussetzung ihrer Strukturkenntnis ist.

[13] ENGELS, F., „*Herrn Eugen Dührings Umwälzung der Wissenschaft*" („*Anti-Dühring*"), MEW, Bd. 20, Berlin 1962, S. 22

[14] Vgl. Ebenda, s. 112/113

[15] Eine Zusammenstellung dieser Arbeiten mit ihren wichtigsten Aussagen ist enthalten in: I. FITZ, „*Reaktionstypen in der anorganischen Chemie*", Berlin 1975, S. 391–392

[16] Ebenda, S. 408–426

[17] Ebenda, S. 463

[18] Ebenda, S. 465

[19] s. [1], S. 482

[20] KRÖBER, G., Stichwort „Ruhe", in: „*Philosophisches Wörterbuch*" in 2 Bdn, herausgg. v. G. KLAUS u. M. BUHR, Leipzig 1974, S. 1080

[21] ROCHHAUSEN, R., „*Die Klassifikation der Wissenschaften als philosophisches Problem*", Berlin 1968, S. 54

[22] PAULING, L., „*Chemie*", Weinheim/Bergstraße 1955, S. 10

[23] s. [6], S. 124

[24] Vgl.: LAITKO, H., SPRUNG, W. D., „*Chemie und Weltanschauung*", Leipzig/Jena/Berlin 1973, S. 45

[25] GROSSMANN, G., FABIAN, J., KAMMER, H. W., „*Lehrwerk Chemie – Struktur und Bindung – Atom und Moleküle*", (LBa), Leipzig 1973, S. 100

[26] POLLER, S., Philosophische Betrachtungen zur Chemie der Makromoleküle, in: „*Mikrokosmus – Makrokosmus*", Bd. II, herausgg. v. H. LEY u. R. LÖTHER, Berlin 1967, S. 272

[27] s. [24], S. 43

[28] KOLDITZ, L., Das Gesetz vom Umschlagen von Quantität in Qualität und die Reaktivität des festen Körpers, in: „*Struktur und Prozeß*", herausgg. v. K.-F. WESSEL, Berlin 1977, S. 194

[29] HÖRZ, H., „*Materiestruktur*", Berlin 1971, S. 89/90

[30] s. [6], S. 140

[31] s. [24], S. 44

[32] WEISSBACH, H., „*Strukturdenken in der anorganischen Chemie*, Berlin 1971, S. 184

[33] Vgl.: KEDROW, B. M., „*Engels über die Chemie*", Moskau 1971 (russ.)

[34] s. [29], S. 71

[35] PAULING, L., „*Die Natur der chemischen Bindung*", Weinheim/Bergstraße 1964, S. 12

[36] WOLKENSTEIN, M. W., „*Struktur und physikalische Eigenschaften der Moleküle*", Leipzig 1960, S. 9/10

[37] IUPAC, „*Richtsätze für die Nomenklatur der Anorganischen Chemie*", herausgg. v. der Internationalen Union für Reine und Angewandte Chemie, Berlin 1970, S. 5

[38] Ebenda, S. 12

[39] Ebenda, S. 15

[40] Ebenda, S. 25

[41] PÄLIKE, D., Zu einigen Problemen der Theorienentwicklung in der modernen Chemie, Wiss. Hefte des PI Köthen, 3/68, S. 60/61

[42] Ebenda, S. 60

[43] Ebenda

[44] SCHWARZENBACH, G., „*Allgemeine und anorganische Chemie*", Leipzig 1955, S. 11f.

[45] Vgl.: RÖBISCH, G., Reaktionstypen, Chemie in der Schule **12** (1966), S. 620f.

[46] s. [15], S. 461f.

[47] LENIN, W. I., „*Materialismus und Empiriokritizismus*", Werke, Bd. 14, Berlin 1972, S. 265

[48] s. [6], S. 90

[49] NARSKI, I. S., „*Dialektischer Widerspruch und Erkenntnislogik*", Berlin 1973, S. 137

[50] HEGEL, G. W. F., „*Encyclopädie der philosophischen Wissenschaften*", Leipzig 1949, S. 292

[51] HÖRZ setzt sich mit dieser von H. LAITKO vertretenen Auffassung kritisch auseinander. Er weist nach, daß eine Identifizierung von Gesetz und Struktur zu einer Reihe unhaltbarer philosophischer Schlußfolgerungen führt; vgl.: HÖRZ, H., „*Materiestruktur*", Berlin 1971, S. 70–73

[52] Vgl.: WEISSBACH, H., „*Strukturdenken in der anorganischen Chemie*", Berlin 1971

[53] Vgl.: LEY, H., MÜLLER, Z., „*Kritische Vernunft und Revolution. Zur Kontroverse zwischen Hans Albert und Jürgen Habermas*", Köln 1971, S. 182f.

[54] HÜCKEL, W., „*Anorganische Strukturchemie*", Stuttgart 1948, S. 879

[55] FUCHS-KITTOWSKI, K., Kybernetik und Organisation — Grundlinien zu einer allgemeinen System- (Modell-) und Organisationstheorie, in: „*Weltanschauung und Methode*", herausgg. v. A. GRIESE und H. LAITKO, Berlin 1969, S. 157

[56] s. [6], S. 198

[57] NOWIK, I. B., Komplizierte dynamische Systeme, in: „*Struktur und Formen der Materie. Dialektischer Materialismus und moderne Naturwissenschaft*", Berlin 1969, S. 133

[58] KUSNEZOW, W. I., PETSCHONKIN, A. A., Die Begriffssysteme in der Chemie. Die strukturellen und kinetischen Theorien, Vopr. Filos. **25** (1971), S. 46 (russ.)

[59] „*Lehrbuch, Chemie Klasse 9*", Berlin 1970, S. 7

[60] KOLDITZ, L. (Hrsg.), „*Anorganisch-Chemisches Lehrbuch und Praktikumsbuch*" („*Anorganikum*"), Berlin 1967, S. 397

[61] s. [24], S. 44

[62] KLAUS, G., Stichwort „Prozeß", in: „*Philosophisches Wörterbuch*" in 2 Bdn., herausgg. v. G. KLAUS und M. BUHR, Leipzig 1974, Bd. II, S. 990

[63] MARX, K., „*Das Kapital, Kritik der politischen Ökonomie*", Bd. I, MEW Bd. 23, Berlin 1962, S. 195

[64] Ebenda

[65] Vgl.: LEY, H., „*Über die Schwierigkeiten des Einzelwissenschaftlers*", Reihe: „*Zur Kritik der bürgerlichen Ideologie*", Berlin 1973, S. 42

[66] MITTASCH, A., „*Katalyse und Determinismus*", Berlin 1938, S. 20

[67] Dieser Abschnitt basiert auf einem vom Verfasser in der DZfPh **25** (1977) H. 2, S. 201–211 veröffentlichten Artikel: „Zu einigen Fragen des Verhältnisses von Empirischem und Theoretischem in der chemischen Erkenntnis".

[68] Konstantinow, F. W. (Hrsg.), „*Grundlagen der marxistisch-leninistischen Philosophie*", Berlin 1971, S. 208

[69] Vgl.: Korch, H., „*Die wissenschaftliche Hypothese*", Berlin 1972, S. 193f.

[70] Vgl.: Begriff und Funktion der Tatsache in der wissenschaftlichen Forschung, Rostocker Philosophische Manuskripte, H. 6, Rostock 1969

[71] s. [69], S. 195

[72] Kedrow, B. M., Das Prinzip vom zureichenden Grunde bei Leibniz und die Entstehung der Chemie, DZfPh **23** (1975) 1, S. 119

[73] Ruben, P., Theorienbildung und menschliche Arbeit. In: Wissenschaftliche Zeitschrift der Karl-Marx-Universität Leipzig, Gesellschafts- und sprachwissenschaftliche Reihe. H. 4, 1971, S. 457

[74] Dölling, E., Philosophisch-logische Probleme der Theorienentwicklung, unveröffentlichtes Manuskript, Berlin 1977

[75] s. [8], S. 11

[76] Böhm, W., „*Die Naturwissenschaftler und ihre Philosophie — Geistesgeschichte der Chemie*, Wien/Freiburg/Basel 1961, S. XIII

[77] Klaus, G., Stichwort: Theorie, in: „*Philosophisches Wörterbuch*" in 2 Bdn., a. a. O., S. 1221

[78] Peters, S., Gutmann, F., Die Stichhaltigkeit des Homologiebegriffes, in: Mathematisch-Naturwissenschaftliche Umschau (MNU), H. 5, 1973, S. 275

[79] Marx, K., „*Thesen über Feuerbach*", MEW Bd. 3, Berlin 1958, S. 5

[80] s. [6], S. 344

[81] Tetzner, R., Einige Beziehungen zwischen Empirischem und Theoretischem im wissenschaftlichen Erkenntnisprozeß. In: Wissenschaftliche Zeitschrift der Karl-Marx-Universität Leipzig. Gesellschafts- und sprachwissenschaftliche Reihe, H. 4, 1971, S. 449

[82] Pilipenko, N. V., Das Verhältnis von Notwendigkeit und Zufall im wissenschaftlichen Schöpfertum, in: „*Wissenschaftliche Entdeckungen*", Herausgg. v. L. Kannengiesser u. G. Kröber, Berlin 1974, S. 96

[83] Schmitz, E., Das Verhältnis von Theorie und Experiment in der Chemie, Sitzungsberichte der AdW d. DDR 19, 1973, Berlin 1974, S. 6

[84] Bykow, W. W., „*Methoden der Wissenschaft*", Moskau 1974, S. 117 (russ.)

[85] Vgl. Parthey, H., Wahl, D., „*Die experimentelle Methode in Natur- und Gesellschaftswissenschaften*", Berlin 1966

[86] Hörz, H., Experiment — Modell — Theorie, DZfPh. **23** (1975) 7

[87] Parnjuk, M. A. (Hrsg.): „*Gnoseologische und soziale Probleme der Entwicklung der Chemie*", Kiew 1974, S. 45 (russ.)

[88] Bernal, J. D., „*Die Wissenschaft in der Geschichte*", Berlin 1961, S. 269

[89] s. [85], S. 12

[90] Schirokanow, D. I., Probleme der empirischen und theoretischen Erkenntnis. Die Rolle der Kategorien bei der Entstehung und Entwicklung der klassischen Mechanik und der Chemie, in: „*Philosophische Kategorien in der naturwissenschaftlichen Erkenntnis*", Minsk 1972, S. 39 (russ.)

[91] s. [83], S. 6

[92] SCHIRMER, W.: Diskussionsbeitrag, in: Sitzungsberichte der AdW d. DDR 5N/1975, S. 22

[93] SCHWABE, K.: Diskussionsbeitrag, in: Sitzungsberichte der AdW der DDR 5N/1975, S. 27

[94] HARTMANN, H., „*Die Bedeutung quantenmechanischer Modelle für die Chemie*“, Wiesbaden 1965, S. 94

[95] RICHTER, K.-H., LAITKO, H., Zur Gegenstandsbestimmung der Chemie, in: „*Philosophische Probleme der Chemie und ihrer Geschichte*“, herausgg. v. Institut für Marx.-Len. an der THC Leuna-Merseburg 1964, S. 26

[96] s. [92], S. 22–23

[97] s. [83], S. 8

[98] s. [83], S. 13

[99] SACHSSE, H., „*Das Problem äquivalenter Theorien in der Naturwissenschaft*“, *9. Deutscher Kongreß für Philosophie, Düsseldorf 1969*, Meisenheim, a. Glan 1969, S. 176

[100] s. [99], S. 178

[101] s. [1], S. 334

[102] s. [1], S. 345

[103] s. [1], S. 334

[104] s. [47], S. 129

[105] ERPENBECK, J., HÖRZ, H., „*Philosophie contra Naturwissenschaft?*“, Reihe: „*Weltanschauung heute*“, Berlin 1977, S. 123

[106] s. [2], S. 486

[107] BOHR, N., „*Atomphysik und menschliche Erkenntnis*“, Braunschweig 1958

[108] KRAMERS, H. A., Das Korrespondenzprinzip und der Schalenbau des Atoms, in: Die Naturwissenschaften, 1923, H. 27, S. 551f.

[109] s. [76], S. 294

[110] WEIZÄCKER, C. F. v., „*Die Einheit der Natur*“, München 1971, S. 22

[111] MOHR, H., Über die Bedeutung der Naturwissenschaften für die Kultur unserer Zeit, Nova ACTA LEOPOLDINA, Nr. 209, Bd. 37/2, S. 5

[112] Ebenda, S. 7–8

[113] Ebenda, S. 12

[114] Vgl.: BAUER, I., KLENNER, H., Verstand ohne Vernunft, Spektrum 1973, 4, S. 28–30

[115] Vgl.: HORSTMANN, H., „*Der Physikalismus als Modellfall positivistischer Denkweise*“, Reihe: „*Zur Kritik der bürgerlichen Ideologie*“, Berlin 1973

[116] Die mancherorts anzutreffende Unterteilung in innere und äußere Determinanten der Wissenschaftsentwicklung läßt u. E. die Rolle der Persönlichkeit im Prozeß der Wissenschaftsentwicklung zu sehr in den Hintergrund treten

[117] s. [1], S. 330

[118] s. [1], S. 325

[119] USSANOWITSCH, M. J., GEHLEN, H., Bemerkungen zur Geschichte der Säuren-Basetheorie, Wissenschaft und Fortschritt **17** (1967), S. 490

[120] s. [88], S. 234

[121] Dijksterhuis, E. J., „*Die Mechanisierung des Weltbildes*", Berlin/Göttingen/Heidelberg 1956, S. 94

[122] Vgl.: Strube, W., „*Der historische Weg der Chemie. Von der Urzeit bis zur industriellen Revolution*", Leipzig 1976, S. 79ff.

[123] Liebig, J. v., „*Chemische Briefe*", Leipzig/Heidelberg 1865, S. 36

[124] Stahl, G. E., „*Bedenken von der Goldmacherei*", Leipzig 1755, S. 3

[125] s. [1], S. 314f. (Eine Ausnahme bildete Kant, der Entwicklung auf mechanisch-materialistischer Grundlage zu fassen suchte)

[126] s. [119], S. 490

[127] s. [1], S. 316 (Fußnote)

[128] s. [1], S. 331/332

[129] s. [119], S. 490

[130] s. [1], S. 334

[131] Engels an Marx, 30. Mai 1873, in: MEW Bd. 33, Berlin 1968, S. 80

[132] Vgl.: Heinig, K., Der Beitrag Carl Schorlemmers zur Entwicklung der marxistischen Weltanschauung, Chemie in der Schule **13** (1966), H. 8/9, S. 385f.

[133] Hager, K., „*Engels' Dialektik der Natur und die Gegenwart*", Berlin 1975, S. 19/20

[134] Paulsen, F., „*Einleitung in die Philosophie*", Stuttgart, Berlin, 1906, S. 44

[135] Ebenda

[136] Ebenda, Vorwort, S. V.

[137] Welling, G., „*Opus mago-cabbalistikum et theosophicum*", Frankfurt/Leipzig 1748, S. 518/§ 5 (zitiert nach: Strube, W., „*Der historische Weg der Chemie. Von der Urzeit bis zur industriellen Revolution*", Leipzig 1976, S. 94)

[138] Bugge, G., „*Das Buch der großen Chemiker*", Weinheim 1965, S. 44–445

[139] Auf philosophische Auffassungen, die Liebig und Ostwald dabei vertreten, sowie auf deren Einschätzung kann hier nicht eingegangen werden; vgl. dazu:
- Zott, R., Philosophische Reflexionen im Schaffen von Justus v. Liebig, Diss. phil., Berlin 1976
- Lenin, W. I., „*Materialismus und Empiriokritizismus*", a. a. O., S. 271f.
- Herneck, F. (Hrsg.), „*Wissenschaft contra Gottesglauben*", Leipzig/Jena 1960

[140] Marx, K., „*Thesen über Feuerbach*", MEW Bd. 3, Berlin 1958, S. 5

# 7. Personenregister

## 8. Sachregister

FSC
www.fsc.org
MIX
Papier | Fördert gute Waldnutzung
FSC® C083411

Zeitfracht Medien GmbH
Ferdinand-Jühlke-Straße 7
99095 Erfurt, Deutschland
produktsicherheit@kolibri360.de